JN007517

# 妻の実家のとうふ店を400億円企業にした元営業マンの話

山中浩之

日経BP

# 妻の実家のとうふ店を400億円企業にした元営業マンの話

山中浩之

# 「失われた20年」に「20倍」に成長した会社 妻の実家に転職した営業マンは何をやったのか

「失われた20年」「いや30年」といった自虐的なフレーズがまかり通る日本の経済だが、まさにこの期間に、そして業界全体の売り上げが縮小して倒産も相次ぐ中で、

「失われた？　何が？」

と言わんばかりの成長を続けている企業がある。

2000年には23億円程度だった売上高が、今期（24年2月期）は400億円に達する見込みのその会社は、群馬県に本社を置く相模屋食料（以下、相模屋）だ。何をつくっているのかといえば「豆腐、厚揚げ、油揚げ、がんもどき」。日本でトップシェアの豆腐メーカーである。単価が100円そこそこの商品を売りながら、年商を20倍近く伸ばしているのだ。

相模屋が一般的に知られるようになったのは、12年3月に、アニメ「機動戦士ガンダム」に登場するモビルスーツ（戦闘用の大型ロボット）、「ザク」の頭部を模した「ザクと

うふ」を発売したときだろう。ザクとうふは2カ月強で100万個を超える大ヒットとなり、スーパーの豆腐売り場に男性客が押し寄せて話題になった。

## 差別化が難しい市場でぐいぐい伸びる秘密は?

ところで、豆腐の市場規模を想像されたことがあるだろうか。

業界団体である一般財団法人全国豆腐連合会(全豆連)によれば「厳密な統計資料はないが、小売り段階で5000億~6000億円」。これはコミック(21年、出版科学研究所調べ、書籍・電子の合計、6759億円)や即席麺(23年7月、日本即席食品工業協会調べ、7140億円)と近い。市場規模は決して小さくない。ちなみに比率は豆腐が7、厚揚げやがんもどきといった揚げ物類が3、とのことだ。

即席麺の市場は大手企業を初めとする新商品の投入が続き2022年度に9・1%も伸びたが、豆腐はどうか。富士経済の調査によると、豆腐市場は量・金額とも微減が続き、08年に比べ21年では88・3%になっている。昭和初期には5万軒以上を数えた豆腐製造施設数は、05年に1万3000軒に減少、22年には5000軒を割り込んだ模様だ。

「町のお豆腐屋さん」の廃業が多いこともあるが、豆腐の需要が減少傾向にあり、しかも差別化が難しい「成熟しきった伝統商品」であることから、豆腐のメーカーはある程度の規模になると、売り上げを維持するために価格競争に走ることになり、それが経営を圧迫する。業界では「豆腐屋は年商50億円を超えるとつぶれる」といわれているという。

縮む市場、激しくなる競争、そんなレッドオーシャンで相模屋は伸び続けているわけだ。

同社は１９５１年（昭和26年）に相模屋豆腐店として創業し、78年に株式会社に改組。第一、第二工場を建設して規模を拡大するが年商は20億円台にとどまっていた。

しかし２００５年２月期（２００４年度、以下は年度で表記）に年商30億円の壁を越え、05年度に日本最大の豆腐工場となる第三工場が稼働するや、売上高は急上昇を始める。08年度に日本最大手となり、翌年にはあっさり業界初の１００億円の大台に。12年度から地方の豆腐メーカーの救済Ｍ＆Ａを開始し、15年度にグループ売上高２００億円、20年度に３００億円を突破。22年度は３６８億円、23年度で売上高４００億円が視野に入った。

豆腐メーカー（大豆加工食品製造）で年商３００億円台は文句なしの最大手だ。業界２位の豆腐専業メーカー、やまみ（本社・広島）の売上高は１６１億円（２０２３年６月期）。２位以下とは倍以上の差がある。

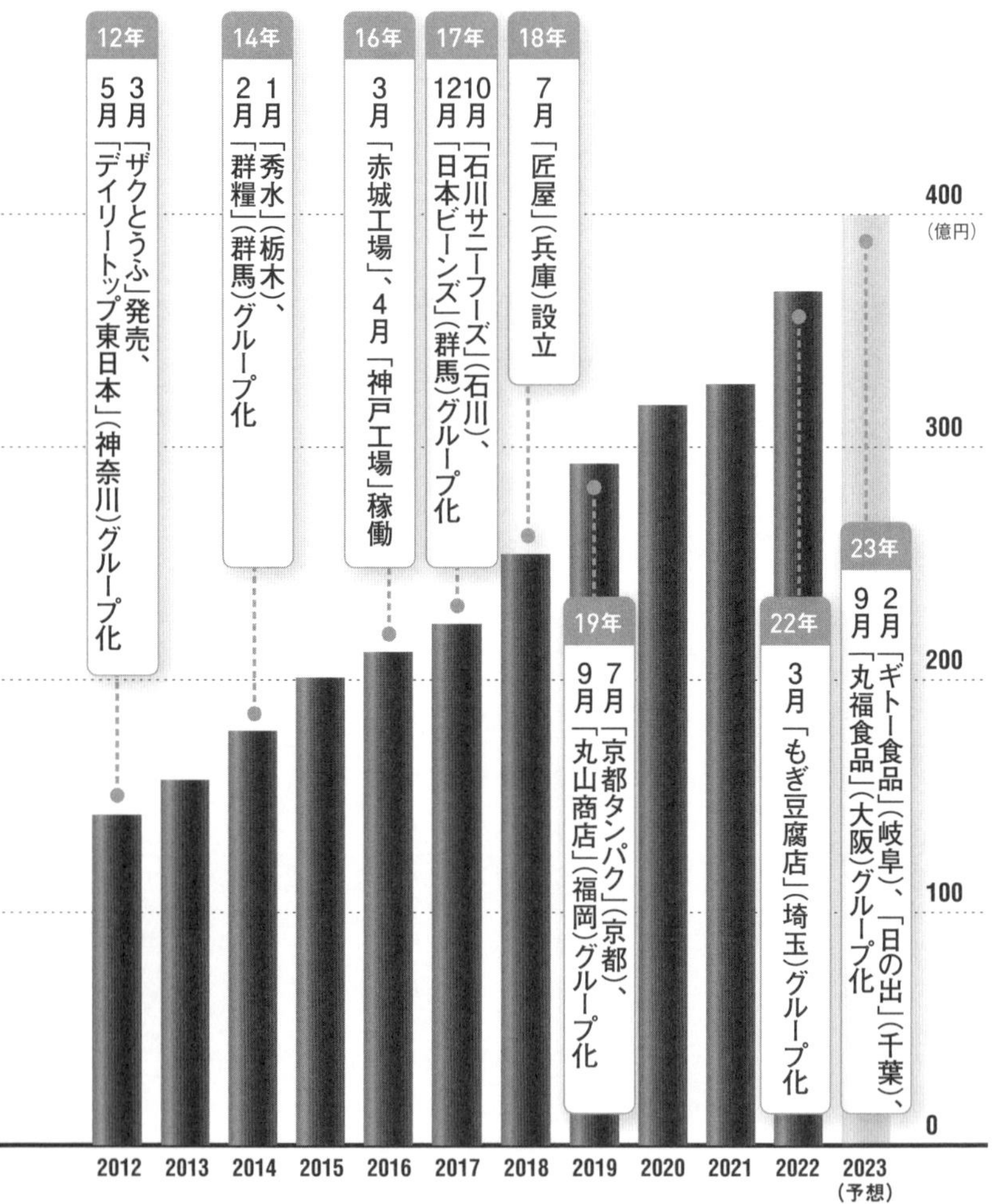

※相模屋食料の決算期は2月、2023年度＝2024年2月期

# ●相模屋食料グループの売上高推移

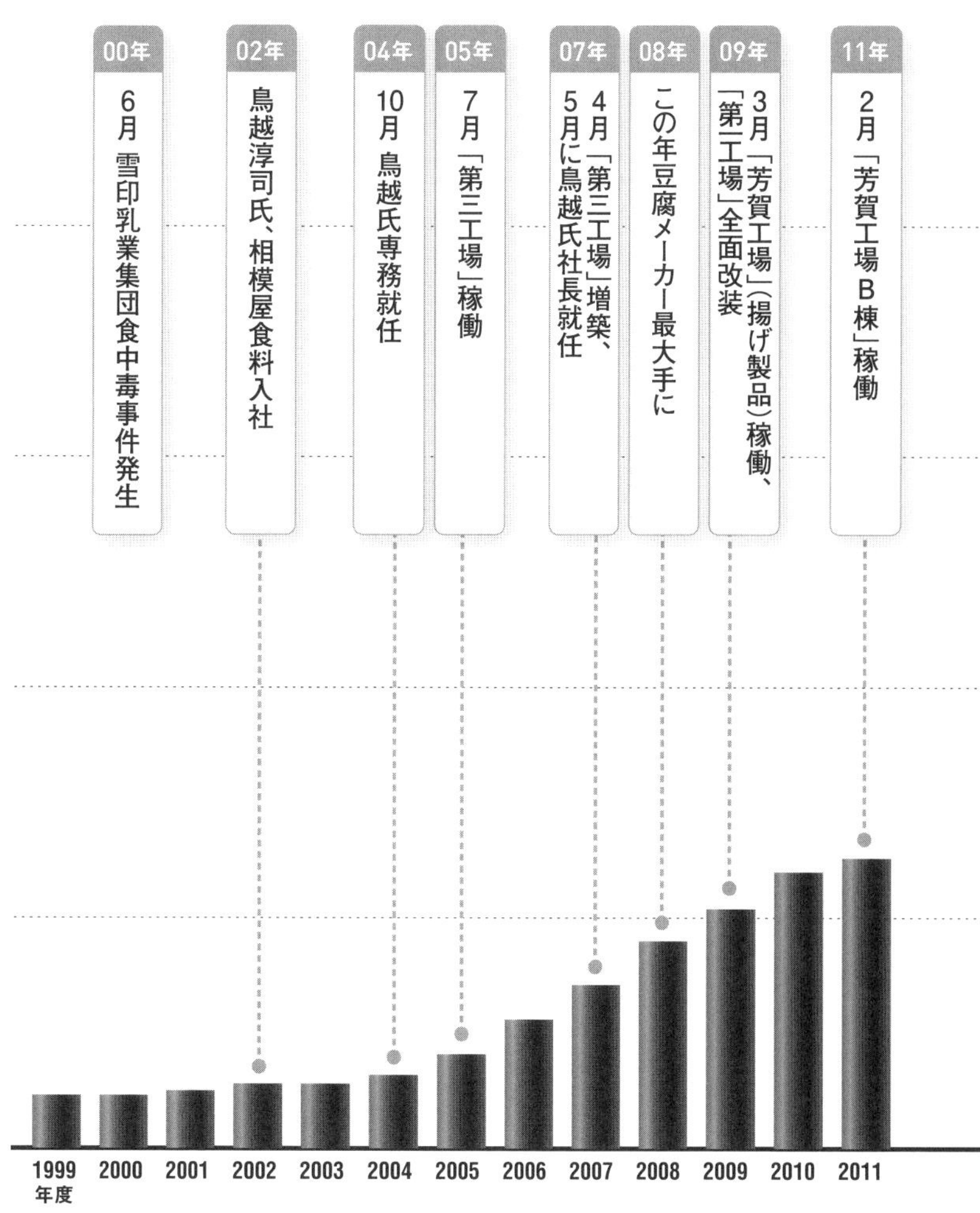

前ページのグラフでおわかりの通り、成長は2004年度、鳥越淳司氏が専務に就任した年から始まっている。雪印乳業の営業マンだった鳥越氏は02年、結婚を機に相模屋に入社した。営業先の群馬県のスーパーで、やはり営業に来ていた女性に恋をして、そのご実家が相模屋だったのだ。04年10月に専務に就任、07年5月から社長を務めている。

キーパーソンは彼だ。では、具体的には何が拡大を支えたのか。外から見た相模屋の特徴といえば、まずユニークな新製品だろう。ザクとうふを皮切りに、「のむとうふ」「マスカルポーネのようなナチュラルとうふ」など個性の強い商品を続々と投入。「どうして豆腐でこれをつくろうと思ったのか？」と驚くしかない製品群は最近ますます尖ってきた。たとえば「肉肉しいがんも～INNOCENT MEAT」（20年9月）、「うにのようなビヨンドとうふ」（22年3月）、「カルビのようなビヨンド油あげ」（23年3月）。ザクとうふをはじめ、こうした商品は鳥越社長が引っぱって開発してきたものだ。

## 相模屋の拡大を支えた思考を解きほぐす

しかし鳥越社長は「新製品にはどれも思い入れがありますし、その開発が一番楽しい仕事ではありますが」と言いつつ、こう答える。

「2000年代前半は工場への投資による木綿とうふ、絹ごしとうふなどの定番商品の生産性向上、12年以降は、救済M&Aでグループに加わった企業の再建が進んだこと、ですかね」

新製品がどうしても目立ちますが、打っている手は真面目で、合理的で、堅実なんですよ、と言っているように思える。だが、それだけだろうか？

本書では、一介の（失礼）営業マンが、沈滞する業界の中で相模屋を日本最大の豆腐メーカーに成長させることができた理由を、ご本人である鳥越社長との対話を通して探っていく。会社員、特に大企業で働く、経営層に近い、「優秀なビジネスパーソンである」と衆目が一致する人であればあるほど、堅実どころか「そんなバカな」と思われるであろう考え方が次から次へと出てくる。だが、どうか最後まで読み通していただきたい。

我々は、もしかしたらあまりに真面目に「数字」を意識した仕事をやり過ぎて、実は会社を停滞させていたのかもしれない。仕事で優先すべきことは何なのか、改めて考えてみるきっかけになれば幸いだ。

もくじ

# 第1章

# 「現場に数字ばかり言い出すのは会社が傾いてきた印です」

# 会社があっという間にダメになる「白い塊」の恐ろしさ

**「利益率は結果であって目標じゃない。面白いと思えることをどれだけやれるかです」それができるなら苦労はない、と普通は思うところだが目標数字を設定するのは、むしろ成長を阻害する、と鳥越社長は真顔で指摘する。「数字でコントロールすると、社員はすぐに『白い塊』をつくり始めるんですよ」**

――よろしくお願いいたします。相模屋の売上高が急成長している大きな理由であるところの、救済M&Aからお話を伺います。相模屋は全国の中小豆腐メーカーをグループ化しているわけですが、売上高はともかくとして、利益面ではいかがでしょう。破たん寸前の会社を再建するとなると資金も人も必要ですよね。相模屋本体にとって、本当にメリットはあるんですか?

**鳥越淳司・相模屋食料社長(以下、鳥越)** はい。では利益の話からしますと、実はうちの利益率が一番高かった時代は、2010年代初頭なんですね。

――年商でまだ100億円台前半のときですね。つまり、救済M&Aを手がけていない時代ということになります。

**鳥越** 今はどうかというと、売上高は当時の3倍になったんですけれど、営業利益は当時を下回ります。これって、もし私が上場会社の社長だったら、もう半狂乱になっていると思うんですけどね。

――「売上高が水ぶくれして、利益率が下がっているじゃないか」と。

**鳥越** はい。救済M&Aを始める前というのは、「ザクとうふ」のような商品は何もなく、第三工場でひたすらに木綿と絹(木綿豆腐、絹ごし豆腐)の味と、そして量産体制を磨いていた時期です。

――仮にそのまま、木綿と絹の量産で、相模屋単独でずっとやってきたとしたら?

**鳥越** もちろんそれはそれで意味があったと思うんです。でも売上高は100億円台、そうだな、150億円レベルで止まったでしょう。300億、400億なんか絶対いっていないです。利益率は高くなったかもしれないけれど、それじゃ何しろ面白くない(笑)。

――面白くない、といいますと。

**鳥越**　たとえばいま稼ぎ頭になりつつあるいろいろな新製品も出せなかったし、地方のメーカーの再建もできなかったわけです。利益率が高い頃は、「自分たちだけがよければいい」という時代だったのかな、と思いますね。一方で「面白いことをやろう」とすると、市場を触発してお客さまが増えますし、業界も活性化しますし、技術力のある他業界の会社さんが「いいね、それ」と近づいてきてくださる。そうすると仕事がどんどん面白くなってくるわけです。

――経営者が、利益率より面白いほうが大事、と言っちゃってもいいんですか？

## 再建を通して会社がダメになる理由が見えてきた

**鳥越**　はっきり言えば、「数字は目的じゃなくて結果」ですし、「社長の自分が責任を取ればいいだけの話だ」と思ってます。面白いと思えることをやったほうが、自分も社内も燃えますし、それが成長につながるんじゃないかと。

――2012年にザクとうふを出した頃が、ちょうどその、「利益率」から「面白さ」

への転機だったんでしょうか。

**鳥越** そうですね。そういえばYさん（編集Y、聞き手）とお会いしたのもザクとうふがきっかけでしたね。私のガンダム話[※1]に食いついてくる初めての記者さんで（笑）。12年は、初めての救済M&Aでデイリートップ東日本（神奈川）を買収した年でもあります。

あの頃、業界はすでにかなり厳しい状況でしたけれど、あれから10年経ってさらに大変になっています。しかも原料の大豆や燃料・輸送費も高騰して。

――ちなみに、新型コロナウイルス禍の影響はどうでしたか？

**鳥越** 新型コロナ禍と、政府が打った対策は、特に初期は食品業界には強い追い風になりました。外食が急減した分スーパーにお客さまがたくさんいらっしゃったので。その追い風が消えて、中小だけでなく業界の雄といわれてきた規模の会社にも影響が出ています。中小豆腐メーカーからの相模屋へのSOSも増えていまして、「助けてくれと言われたら、絶対行こう」という考えで、ここまでやってきました。

おかげさまで、デイリートップ東日本、秀水は2017年度、日本ビーンズは2022年5月で債務超過を解消、石川サニーフーズはもともと資産超過で7カ月で黒字化し、再生完了です。匠屋（旧・但馬屋食品）、京都タンパクは2019年度に黒字化を達成して

### ●相模屋食料の豆腐メーカー救済M&A

| | | |
|---|---|---|
| 2012年 | 5月 | 「デイリートップ東日本」(神奈川) |
| 14年 | 1月 | 「秀水」(栃木) |
| 17年 | 10月 | 「石川サニーフーズ」(石川) |
| | 12月 | 「日本ビーンズ」(群馬) |
| 18年 | 7月 | 「匠屋」(兵庫)を設立(廃業した「但馬屋食品」を継承) |
| 19年 | 7月 | 「京都タンパク」(京都)、9月「丸山商店」(福岡) |
| 22年 | 3月 | 「もぎ豆腐店」(埼玉) |
| 23年 | 2月 | 「日の出」(千葉)、「ギトー食品」(岐阜) |
| | 9月 | 「丸福食品」(大阪) |

います。丸山商店は20年度で黒字化、もぎ豆腐店はもともと数字的には問題がなく、日の出は2023年7月に黒字化。ギトー食品は今頑張っています。今年9月に丸福食品の事業を継承して、11社目の再建が始まりました。

――11社ですか。

**鳥越**　どんどん再建のスキームが……本当はスキームというようなかっこいいものじゃないんですけれども、できるようになってきましたね。京都タンパクは7年間赤字だったんですけれども、5カ月で黒字化ができました。だんだんスピードが速くなってきています。

――スキームと言われましたが、これは基本的にやり方は同じなんですか。

**鳥越**　全部違いますね。

――全部違うんですか。「不幸の形は全て異なる」[※2]というやつかな。

**鳥越** 企業の状況に合わせて（救済策を）やっていくんですが、経験を重ねるうちにいくつかのパターンに収斂（しゅうれん）しつつあります。一方で、全部に共通するやり方もありますね。

## 傾き始めると現場に「数字」だけが降ってくる

――共通するやり方を教えてください。まずどんなことをやりますか。

**鳥越** 最初はもう直接、工場に行ってですね、閉塞感でいっぱいになっている人たちに対して……あのですね、だいたい会社って、傾いていきますと現場に対して数字ばかり言い出すんですね。

――現場に数字ばかり言い出す、とは。

**鳥越** たとえば生産効率がどうしたとか、ロス率がどうしただとか、歩留まりがどうしただとかです。PL（損益計算書）とBS（貸借対照表）を持ってきて、「これがこうでこうで、このコストがこうなっているから、もっと切り詰めて利益率を上げないとだめなんだ」みたいな話が始まるわけです。

そうすると何が起きるかと言いますと、一生懸命おとうふをつくっているはずだった人たちが、「白い塊（かたまり）」をつくるようになってくるんですね。

——白い塊。豆腐は確かに白い塊ではありますが。

**鳥越** 味よりも、「重量約300グラム、水分含有率90％の塊を大豆を原料に製造する」という意識になるんです。

——ああ、つまり「数値目標を満たせば味はどうでもいい」という意識になるってことか。

## 「豆腐」をつくりたいのか、「白い塊」をつくるのか

**鳥越** 元々工場の人たちは「おいしいおとうふをつくりたい」と思っていたはずなんですよ。それが毎日「ロス率が」「原価率が」とか言われるので、いつの間にか数値目標に呪縛されていきます。目の前にあるのはおとうふじゃなくて、ロス率何パーセントの白い四角い塊、そんな感じになっちゃっていることがすごく多いんですね。いわば「地球の重力に魂を引かれた人たち」[※3]になってしまう。

――自らのつくりたいものを忘れて、目先の数字しか見えなくなると。

**鳥越** 私がそうした会社に行って工場を見に出ようとすると「まずご説明を」と、管理系の人がすぐ寄ってきて、事務所で説明を始めるんですよね。「この数字がこうでこうで」と。

――ありそうですね。どう対応するんですか。

**鳥越** 「あ、数字はどうでもいいです」と言います。「だってつまりは悪いんでしょう、赤字なんでしょう、だからうちに話を持って来られたんでしょう」と。

――そりゃあ、そうですね。

**鳥越** 数字とそれが意味するところは、後で自分で把握します。けれども、まずは工場です。私は基本的に再建中の会社では工場にしか行きません。工場に行って現場の人と話をして、ラインを見て、どうやったらおいしいものができるか、もっとおいしくするにはどうするかを考えています。そして、おいしいおとうふをつくる答えは必ず工場で見つかるんです。

――もともと実力はあると。

**鳥越** たとえば京都タンパクは、近畿の京揚げでトップの技術力を持つ会社でした。そして匠屋の前身、但馬屋食品さんの会長は「豆腐業界の天皇」といわれた方だったんですね。

―― そんな会社があったのか。

**鳥越** 「豆腐業を始めるんだったら但馬屋食品さんに修業に行け」という。

―― へえ〜。

**鳥越** 今、豆腐業界で大手と呼ばれるところは、たいてい但馬屋食品におとうふの作り方を学んで、持ち帰っていたという。で、学んだ会社は礼儀として、但馬屋食品さんの商圏には遠慮すると。聖域というか。

―― じゃ相模屋さんもそうなんですか。

**鳥越** うちは創業当時は弱小で相手にしていただけなかったそうです。

―― そこまでの会社がどうして破たんしたり廃業したりしてしまうのか。

## 非効率な「美学」が競争力を支えていたりする

**鳥越** 技術力はあって、おいしいおとうふをつくっていた。でも本業以外の何かのつまずきで、赤字になってしまうこともあるわけです。たとえば海外進出で失敗したり、世代交代で先代のやってきたことを全否定したらお客さまにそっぽを向かれたり。そこで外部の方、金融機関さんやコンサルティングの方とかがアドバイスしたり、方針に介入したりする。

たいていの場合、そういう方たちはおとうふの作り方は知りませんし、自分でやってみようともしません。だから数字しか見ない。そうすると、「ここがだめですね、あそこがだめですね、これをちゃんとしましょう」が始まる。

――「こんな非効率なことをやっていてはいけません」みたいな。

**鳥越** 「非効率」、そう、おっしゃる通り。そしてその非効率が実は大事なことが多いんですよ。もちろんただのムダは排除すべきですが、「数字だけ見ていても意味がわからないコスト」もある。その会社が守ってきた、意味のある非効率こそが、商品の華だった、魅力につながっていた、ということがものすごく多いんです。非効率だからと美学を捨てて、数字の世界へ突入していくと、商品が魅力を失って、会社がさらに苦しくなっていく。

――さらに苦しくなると、どうなるんですか。

**鳥越** 「さらに効率を」と言われちゃうわけですね。

――……。

**鳥越**　工場の人は内心「これはまずい、お客さまが離れてしまう」と感じつつも、数字の圧力に屈して何も言えずに、心を殺して白い塊をつくっている。

ただ一方で、この美学って数字で測れない、見えないものなので、捨てきることもできないんですね。「これは間違っている」という声が、現場の人の心の中でいつまでもくすぶっているというか。

――「そうじゃないんだけどな」という思いはなかなか消えない。

## 「あの黄金時代に帰りましょう」

**鳥越**　はい。ですので私たちは、それをどどっとこう、表に出す手助けを。

――それでいいんだと。それをやれよと。

**鳥越**　「それだ、それだ、何てすごいことをやっていたんだ」と背中を押すわけです。かつてその会社がやっていたはずの、正しいこと、お客さまに喜ばれていたことをやろう、やらないほうがいいと思っていたことは全部やめよう。どの会社でも再建の基本はこれですね。言葉にすると「黄金時代を取り戻せ！」です。お客さまに信頼され、愛されていた時代に戻るんだ、と。

――そうするとどうなります?

**鳥越** 「えっ、それでいいんですか、歩留まりとか、コストとかは」と聞いてきますね。そこですかさず「いやいや、その非効率がいいんだよ、黄金時代に戻るには重要なんだよ」と。これでその会社の工場の人の気持ちに火が付けば、まず最初のステップはクリアです。

相模屋は再建会社に社員を派遣して常駐させる、ということは一切してないんですね。再建というからには、その会社の人たちが頑張るんだ、という姿勢でやっていますので。もちろん最初は私たちが行って、うわーっと改善を一緒にやりますけれども、主体は、京都タンパクならば京都タンパクの人です。もともといた人、特に製造の人たちが中心になって、美学の復活によって商品が魅力を取り戻し、売れ始めて全体のモチベーションも上がる、というわけです。これが再建スキームの基本ですね。

――つまらないことを聞きますが、常駐していなくても指示は守られるんですか。

**鳥越** 私が指示することが、何と言うんでしょうか、もともとその会社の人が心のどこかに大事に持っていたものであれば、つきっきりで見ていなくても大丈夫です。「こうやればいいのに、あれは違うのに」と思っていたことを、「ですよね、じゃあ、あなたが正しいと思っていたことをやってください」と指示するわけなので。

――「相模屋は、自分たちが大事にしたいことをわかっている」と思ってもらえれば。

**鳥越** 大丈夫ということです。

## 「完璧な成功」なんて目指さなくていい

**鳥越** ただですね、その気になってくれる人が出てきても、一方では「そうは言ってもあれが足りない、これができていない」と言う人はいるんです。

――ああ、いるでしょうね。

**鳥越** たとえば黒字化を達成したときにも、「まだまだ安定にはほど遠い」「これを維持することができるかどうかが大事です」とか言う人ですね。何かができました、というときに、できたことを褒めるより、できていないことを指摘したくなる、というか。子どもの育て方でもありますよね、そういうの。

――「数学が5になった、でも理科はまだ3だよね、もっとがんばろう」みたいな。

**鳥越** そうそう（笑）。

―― わかります。そうなりがちです。

**鳥越** そうじゃなくて、まず、できたことを褒めようと。「黒字になってもそれを継続しないと意味がないんだ」と言い出す人がいたら。

―― いたら。

**鳥越** 「ちょっと待って」と。「今日は喜ぼうよ、昨日まで赤字だったんだよ、黒字になったことをまずお祝いしようよ」と。

―― ただ、「継続しないと」というのも正しい認識ですよね？

**鳥越** はい、正しいです。それに難しいのは、こういうネガティブなことを言っちゃうのは、だいたい自分で気張ってやっていた人なんですよね。会社を心配していれば心配しているほど、いやまだまだです、と言っちゃうんですね。それはわかる。気持ちは理解できる。でも、あなたが求めているのはただの成功じゃなくて「完璧な成功」だと。

―― ん？ あ、なるほど。

**鳥越** それを求めるのは再建中の会社には酷過ぎる。完璧を目指さず、できたところをまずは喜ぼう、ということですね。あ、ちょっと違うな。そもそも、仕事に完璧を求めること自体がどうなのか、と私は思っているんです。

――ということは、「完璧を求めない」というのは、再建会社に限定した話ではない?

**鳥越** その通りです。相模屋食料の仕事のやり方の原則でもありますね。そして、数字は達成感も与えてくれますけれど、未達、未完という意識を強める働きもあるので、気持ちをへし折る使い方になりやすいんです。

## どんな会社にも「黄金時代」はあったはず

――それも興味深いですが、再建会社のお話をもうちょっとお聞きしたいと思います。「非効率という美学」がある会社の例を伺いましたが、グループに入った会社のすべてがそうだったのでしょうか。

**鳥越** 正直にお話ししますと、美学を持っていたところもありますし、持っていなくて、ただただ助けてほしかった、というところもあります。

――そういうのもやっぱりある。

**鳥越** はい。でも、安売りに突き進んで苦しくなっていても、かつての栄光、お客さまに愛された時代はあるものです。ただ、様々な経緯でその経験を持つ社員が残っていない、非効率の美学が継承されていない。そういう企業も中にはあるわけです。

――どうするんですか。

**鳥越** こちらのペースで引っ張っていく、という場合もありますよ。でも「うちには何もない」と本人たちが思っていても、かつて黄金時代があったからには一つや二つは必ずいいものを持っています。その会社の人が「これは昔は売れましたが、今はついでにつくっています」と言うような商品が、こちらからすると「いやいや、どうみても再建のポイントになるのはこの商品でしょう」ということがあるわけです。

――本人たちが気づいていないお宝がある。

**鳥越** そう、「これです。これがあなたたちの一番の宝物のおとうふですよ」と掘り起こす。

――宝物を掘り起こした具体例を教えていただけませんでしょうか。

**鳥越** そうですね、相模屋に「おだしがしみたきざみあげ」というのがあるんですけれど。

――大ヒット商品だそうですね。

**鳥越** ありがとうございます。これをつくっている石川サニーフーズは、実は、〝あの〟カップうどんのお揚げを納めていた会社で。

「おだしがしみたきざみあげ」は、グループ会社の石川サニーフーズの元・主力商品を応用してつくられたヒット作。常温保存でき下味も付いているのでそのまま料理に使える

――えっ、〝あの〟カップうどんですか。

**鳥越**　なんですけれども、そのカップうどんのメーカーさんがお揚げを内製化するということになりまして、それで需要がなくなって、石川サニーフーズの親会社さんからうちにお話が来ました。

――なるほど。

**鳥越**　私どもが行ったときにはこちらの会社は「別のカップうどんの取引先を探さないと」という雰囲気だったのですけれど、ふと工場の片隅を見たら、裁断機があったんですね。納品先の規格に合わないお揚げをカットして、違う商品で使うための。

――ああ、なるほど。

**鳥越** めったに使われないらしくて放置されていたんですが「これで最初から刻んで売ろうよ。常温で保存できて、包丁を使わずにすぐ料理に入れられるから喜ばれるよ」と。刻んで食べたときにおいしくなるようにだしがしっかりしみたお揚げをつくって、カットして、使いやすいように袋にチャックも付けて。おかげさまでこれが売れて売れて。今は専用の生産設備をどんどん入れています。

――これは面白い。

**鳥越** 考えてみるとこの会社は社員数90人前後なのに、いわゆる大企業病にかかっていたんですよね。

――この規模でも大企業病になるんですか？

## 小さい企業でも大企業病になる

**鳥越** 大企業病の症状は「他人の判断基準にひたすら従って、自分では考えない」ことですから、規模は関係ないです。大きなクライアントの規格、基準、数字に沿うことが最優先事項で、やりたいことがあっても簡単には通らないし、お伺いを立てないと物事が動かない。そうなればどうしても、言われたことだけを黙々とやる、ロボットみたいな仕事になるわけです。まずは皆さんに自我に目覚めてもらおうと。やりたいことに気づいて、そのために働いていただこうと。「手持ちの商品で、こんなヒットが出せたじゃないか」が、その気持ちの大きな支えになります。

――その分働き方もハードになりそうですが。

## 忙しくなるけれど、給料も大幅アップ

**鳥越** はい、そして下世話な話ですけど、働き方が変わって、給料も倍になった人もいて。

――えっ、倍。

**鳥越** 「倍にするよ」と言ったんですが、最初は信じてくれなかったんですよ。

――食品メーカーの全職種平均が380万円くらいだそうですが。

**鳥越** 豆腐メーカーは平均すると300万円ちょっとですね。相模屋ではそこまでもらえないだろうと思われていたようです。「いや、給与でうんぬんと言うんだったら、うちは

そんなもんじゃないよ。その代わり、ものすごく働いてもらいます」と言いました。

―― なるほど。

**鳥越** 「だから最初はきついと思うけど、こんなに楽しいことはないよ」と。そうしたら「本当ですかあ」みたいな目を向けられて。

―― まあ、それはそうでしょうね（笑）。

**鳥越** 石川サニーフーズもそうなんですけれども、黒字になったら当然給与も上げますし、大入り（大入り袋）も、うちはばんばん出すんです。大入りを出したときに社員に「ウソだと思っていたでしょう」と言ったら「はい、思っていました、いやあ、残って良かったです」と言ってくれて、こっちもうれしくてですね（笑）。なので、今、この会社に元いた人たちがどんどん戻ってきているんです。

―― イメージはわかってきました。具体的に、再建の際にどんなことをやるんですか？

**鳥越** たとえばこれです（iPadの画面を示す。ホワイトボードの写真が表示されている）。私が再建中の企業で1週間、ミーティングをやったときの写真です。「何をすべきなんだ」とか「こういうふうにすべきなんだ」というのをホワイトボードにその場で、必ず手書きで、書きます。済んだら消しちゃいますので、これは後で自分で振り返るために撮

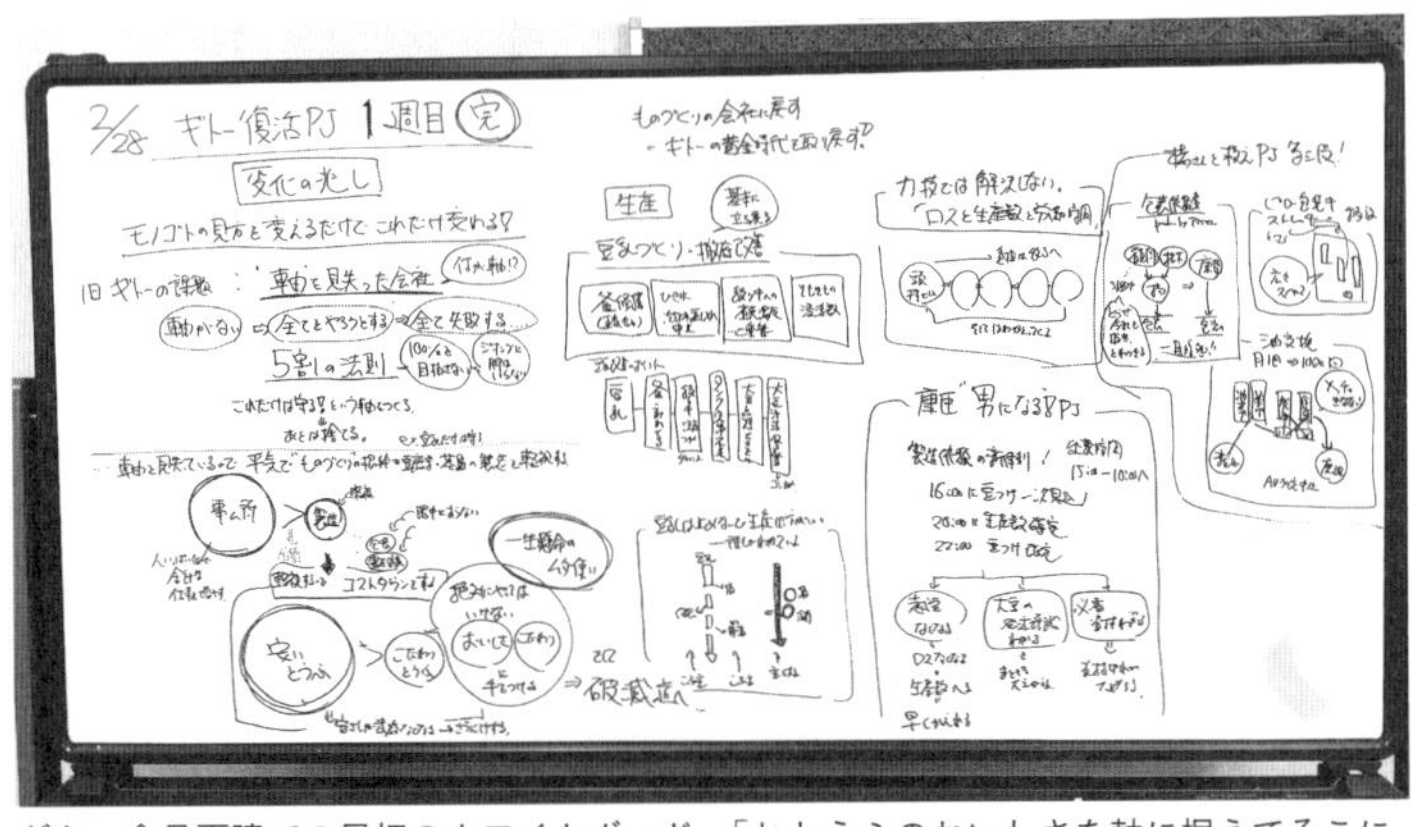


ギトー食品再建での最初のホワイトボード。「おとうふのおいしさを軸に据えてそこに集中。おいしさの基本は豆乳」。破たんする会社は例外なく豆乳がまずい、とのこと

影したものです。

――パワーポイントとかは使わないんですか。

**鳥越**　資料をきれいにつくるとみんな読まないですし、話も聞かないので。

――確かにそうですね。

**鳥越**　なので、必ずホワイトボードに書いています。最初は自制していたんですけれど、途中から思い余って手加減なしでいっぱい書くようになりまして。これは1週目ですね。この1週間、何をやったのかという振り返りと、何をすべきなのか。「大事なことが3つある。おいしさと品質と安定生産だよ」。突き詰めればそれしか言っていません。それを私のとってもきれいな字で、こう。

――はい、とってもきれいな字ですね（笑）。

でも、何というのかな、革命的な意識改革、画期的なアイデア、斬新な新商品、といった話じゃないんですね。

**鳥越**　じゃないです。

――もう本当に普通に当たり前のことをやっていくよという話ですよね。

## できないことを悔やまず、できることをやろう

**鳥越**　そうです。中学のときに習ったＡＢＣというくらいの、当たり前のことをばかにせずちゃんとやるという。それだけだと。

あと、ポイントになるのは「できないことを捨てる」ということです。あれもやろう、これもやろうと欲張ったって、どうせできないでしょうと。できないことを一生懸命やってもしょうがないし、これもいつもホワイトボードに書いていたんですけど、「できないことを悔やんでもしょうがないから、できることをやろうよ」という。ないものを「ない」と悔やんで、何か意味があるのか。

――「できないこと探し」はやめようと。

**鳥越**　確かにできないことはたくさんある。でも、ここにはすてきなものもあるじゃないか、という話をして、ずっと工場にいます。そして夕方の5時半からミーティングをやります。何でしょうかね、戦友になっていくという感じですかね、もう、はい（笑）。

## 上から押さえつけて大失敗

**鳥越**　実は、救済M&Aを始めた当初は我々もわかっていなくて、再建中の企業の社員さんを巻き込むことがぜんぜんできませんでした。デイリートップ東日本のときは本当にうまくいかなくて。

――そうでしたか。

**鳥越**　16年間赤字だった会社なので、最初の時点で緊張感を持ってもらおうと思って、相手の気持ちを尊重せず、上から押さえつけてしまったんですね。「これまでのやり方ではダメだ、こうやってやらなきゃダメなんだ」と。

――企業再建に限らず、社内の立て直しでもすごくありそうなやり方です。

**鳥越**　1年弱かかって黒字化は達成したんです。つまり、数字の上での効率化はできたんですけれども、心が通ってないというか、みんながやる気になってやっているわけじゃなくて、ただ相模屋にやらされているだけ、私の指示を待っているだけ、という感じ。

―― 黒字にはなったけど、毎日仕事に行くのが嫌な会社になっちゃったと。

**鳥越** そうです。おっしゃる通りです。「これじゃ誰も幸せになれない、どうすりゃいいんだ」と猛省しまして、試行錯誤して現在に至るわけです。

―― 当たり前のことをきちんとやる、ということを、決して軽んじるつもりはないんです。ただ、具体例がないとやはり腑に落ちないところも正直ありまして。再建中の会社で、「こういうところに気がついて、品質が上がった、おいしくなった、結果、業績も回復した」という例を教えていただけませんでしょうか。

**鳥越** そうですね。あり過ぎちゃって難しいな、うーん。

―― 豆腐は工場でつくっているわけじゃないですか。生産現場で働いた経験がない私のような人間には、「工場に同じ原料と同じ装置があったら同じものができるよね」という認識なんですが。そこに人の気持ちがどう関わるんだろう、と。

**鳥越** なるほど、そうなんでしょうね。でもそれができるなら、おとうふ屋さんはいらないんですよ。凝固剤や市販のキットを使えば「おとうふ」をつくることはたぶん素人さんでもできる。製造する機械のマニュアル通りにやってもできるでしょう。でもそれは、我々が求めているおとうふとは似て非なるものじゃないかと。

――それは、さっきの「白い塊」だろうということですか。

**鳥越** 思い付くままお話しさせていただきますと、たぶん工場の機械一つ取ってみても、一般の方と工場の人では見方が違う。ここで言う一般の方とは、大手企業に在籍していておとうふの子会社を見に来る方とか、金融機関さんやコンサルティング会社の方です。

そういう方は「機械があって、原料がある。規定の量を入れて、スイッチをポチッと押して、これこれを何度に設定してやればできるわけでしょう」というふうに捉えていらっしゃるんですけれども、私たち自称プロからすると「間違っていないけれどそれで全部じゃない」んです。

## 数値を正しく入れることが「仕事」じゃない

――何がこぼれるんでしょう。

**鳥越** たとえば、おとうふは豆乳に「にがり」を打って固めるんですね。基本として、豆乳の濃度に対してにがりの分量が決まります。でも、豆乳の状態は日々いろいろなんです。粘性が違う、味も変わる。粘性が出ていれば温度を上げて粘性を下げる、味を確かめながら、にがりを打つ濃度を変える。

――なるほど。「濃度がこれならにがりはこう」と一発で決まるようなものじゃないんですね。

**鳥越** 揚げ物でいえば、油槽の中で油は循環しているんですけど、川も流れが渦を巻いていたり、よどんでいたりする場所があるじゃないですか。油槽の場所によって温度の違いが必ずあるから、何も考えずに使うと、揚げる温度がばらばらになることもある。

――揚げる温度が違うと味も変わりますか。

**鳥越** はい、違いが出てきます。でも「ボタンを押して、温度を175度に設定しました」で、たいていの人は「仕事終わり」になっちゃうんですよ。

――油温計に175度と出ていれば、油槽全部が175度だ、と認識しちゃうし、「175度に設定する」のが仕事と思ったら、おいしく揚げることが目的じゃなくなる。

**鳥越** そう、それと、材料が大豆ですので、つまり穀物ですので。

――つまり穀物、とは？

**鳥越**　穀物はさっきまで生きていたもので、もう毎日、性質が違うんですね。

――工業製品じゃないから、そうか。

**鳥越**　もともとの生育状態も違うし、保管状態によっても変わるし、それを目利きして漬ける水の量や時間を変えたり、温度を調整したりしていくんです。これをやらないと、おとうふにするときに無理やり固めることになったり、揚げる時間が余計に必要になったりするので、出てくる製品の味が大きく変わってしまう。でも、さっき言った一般の方だと、味に違いがあっても、「製造の規定、規格は満たしているよね」と、スルーしちゃう。

我々が求める味のおとうふや揚げ物をつくるには、水や温度の調整によって、豆の状態をかなり狭い枠の中にピンポイントで持っていく必要があるんです。私たちは再建会社に行って、一口食べたり飲んだりすれば、どこがズレているのかすぐわかります。数字を正しく入れることだけが、仕事じゃないんですよ。

## プラモですら季節によって出来が変わる

――なるほど。ちょっと余談ですが「ダグラム」[※4]のプラモデルって、ご存じですよね。

**鳥越** もちろんです。ソルティック、24部隊、懐かしいです。

―― タカラ（現タカラトミー）から発売されて大ヒットした後、長らく絶版になっていたのを、マックスファクトリーという玩具メーカーさんが、うちがやりますと新しく金型を起こして始めたんですよ。で、そちらの社長さんにお話を伺ったら「中国の工場で生産してみたら、プラモデルって季節によって出来が変わるんだと思い知った」そうなんです。

**鳥越** ええっ。樹脂製品ですよね。

―― それでも湿度とか気温とかの影響をめっちゃ受けて、金型では合っていたパーツが、組み立ててみたら合わない、みたいなトラブルが続発したそうです。なので最初はものすごく慎重に設計・製造せざるを得ない。5年たってだんだんコツがわかってきて。「Yさん、同じコンバットアーマーのプラモですが、こっちが最新、こちらが最初のやつです」と言われて、持ってみると初期のほうがずっと重い。「ムダにプラスチックを使っていたのが、ノウハウがたまってこんなに軽くすることができました」とおっしゃるんですよ。

**鳥越** そうなんですか。プラモってそんな繊細なものなんだ。

―― 「自分で（プラモデル工場を）動かしたからこそ、バンダイのガンプラのクオリティの凄まじさが、本当に理解できます」とも言われてましたね。あれは、並みのメーカーではまったく歯が立たないレベルのプラモなんですよ、と。

**鳥越**　はあーっ。

――工場の設備を入れ、人を配置してすぐできるんだったら苦労はしないよと。そういう話を私も別の取材で聞いていたわけです。お話を聞いて思い出しました。

**鳥越**　「工場でモノがつくれる」というのは、理屈としては当たり前のことなので、何か普通のことに思える。でも、そこには細かなノウハウがあることがわからないから、素人さんにはつくれないわけです。

## 仕事ならばコストを最優先すべき?

――でも一方で、プロは仕事でやっているんだから、おいしさよりコストを優先することもあるんじゃないですか?

**鳥越**　プロだから、ではなくて、たぶん、「コストを優先しろ」というオーダーを出す〝仕事熱心〟な上司がよくいるよね、ってことではないですか。

――うーん、「仕事なんだから、おいしさより利益が優先だ」、と聞いたら、これを読んでいる会社員の皆さんはどう思うんですかね。「だよな、仕事だから」か、「いや、仕事だからこそおいしさ優先だろ」なのか。

**鳥越** 私も思い出しました。京都タンパクに「ぽたぽたこあげ」という商品がありまして。小ぶりな油揚げなんですけれども、軟らかくて、ちょっと甘い、ぽたぽた焼きをモチーフにして始めたんだそうです。大ヒット商品だったんですが、私たちが行ったときはもう廃れていたんです。何が当時と違うかというと、出来上がった商品としての姿はもちろん一緒なんですが、食べると全然おいしくない。

――ありゃ。

**鳥越** 「いや、こんがり揚がっていていい感じやと思うんですけど」と先方に言われたんですが、あきらかにおいしくない。どうもこれは言っている本人は食べていないなと気がついた。「これ、皆さん試食していますか」と言うと、誰も食べてないんですよ。

私は必ず工場に行ってできたてを食べますので、その場でも食べて、「これは違いますよね、京都タンパクさんのぽたぽたこあげではないですね」と。食べてもらうと「うーん」と言葉に詰まっている。「でしょう？　これをおいしくするためにどうしたらいいんですかね」「いや、揚がりは悪くないんですけどね」「いやいや、揚がりより、これは生地、そして調味液ですよ絶対」。

――つまり材料ってことですか？

**鳥越** そう。聞いてみると、京都タンパクが破綻しかかったときに、材料のグレードをだいぶ落としていたことがわかりました。

調味液には砂糖とだしを使うんです。すき焼きの割り下みたいな組み合わせで、味の深みやコクを出すわけです。三温糖と、かつおだしが一番いい。上白糖とだし、がその次ですね。でも、お金がなくなってきて、みりん調味料を使うようになったと。これ念のため言っておきますが、みりん調味料が悪いと言っているんじゃないですよ。この場合には適していないということです。

「いや、このほうが安いんですわ」「そうじゃなくて、どれがうまいかでまずやりましょうよ。お金が掛かっても構わないから。全盛期はどうだったんですか、そのとき使っていた部材は何ですか」、と、こんな感じで、まず材料を変えて、ここから、当時のおいしさを超えるものをつくろう、というふうにしまして。

――原価アップが気になるところですが。

**鳥越** 原価はたぶん3割ぐらい上がったと思います。「こんなのつくったら儲かりまへんで」と言われましたが、「いや、儲かりまへんでっていうか、そもそもいま赤字でっせ」と返しまして（笑）。

## まず売れるようにしなければ始まらない

――そうか、安いみりんにしたところで、売れなかったら結局儲からない。

**鳥越** だったらもっと商品をいいものにして、原価率が高くても構わないから、京都タンパクのあれはおいしいな、と言われましょうよ、という話をしまして、かつて以上においしくしたら、やはり味の変化は売り上げに正直に出ますね。今では売れ筋、看板商品に復活しました。

――数字に追い込まれて「薄茶色の塊」をつくっていたわけですね。それを「おいしさ」軸で復活させたと。しかし、利益率の悪化という問題は残りますよね。

**鳥越** はい、その通りです。しかし「できないことを考えても仕方がない」のですよ。

――え、ええ？

**鳥越** 売り上げを伸ばし、なおかつ利益率を上げることができるのなら、もちろんそれをやります。でも満身創痍（まんしんそうい）の会社でそこまでの手はなかなか見つかるものではありません。

――そりゃあそうですね。7年間赤字だったとなれば……。

**鳥越**　まず「できることだけ考える」。目の前に味が悪くなって売れなくなった過去のヒット商品がある。じゃあ、味を良くして売ろう。そうすれば「ちゃんとやれば俺たちの商品はお客さまに買っていただける」と、現場の、そして社員全体の気持ちが回復する。

――利益はその後で考える？

**鳥越**　ですね。最終的には黒字化して債務超過解消まで持っていかねばなりませんから、利益を稼ぐことは当然ながら必須です。ここから本格的に始まる相模屋の再建の流れを、我々は「N字再建」と呼んでいます。

［ この章のポイント ］

❶ 数字を押し付け始めるのは、会社が傾いたサイン。

❷ 社員に「白い塊」をつくらせてはいけない。

❸ 一度に全てやろうとするな、まず、できることに集中せよ。

## 気になる人向け 補足説明

※1：「機動戦士ガンダム」は日本サンライズ（当時）制作のテレビアニメ。1979年初放映。地球連邦と、植民地のスペースコロニー群「サイド3」（ジオン共和国、のちにジオン公国）との独立戦争を描く。中高生以上を狙った作風が当初は不評で打ち切りが決まるが、終了間近から人気に火が付き、80年からバンダイ（当時）が発売したプラモデル（ガンプラ）が爆発的に売れ、再放送が繰り返されて世代を超えて定着する。数々の続編やスピンオフが生まれており、2023年時点でのシリーズ最新作は「機動戦士ガンダム　水星の魔女」。鳥越社長は小学生の頃にガンプラを買ってもらえず、その怨念が自分に「ザクとうふ」をつくらせた、と発言している。

※2：トルストイの『アンナ・カレーニナ』冒頭。「幸福な家庭はどれも似たものだが、不幸な家庭はいずれもそれぞれに不幸なものである。」（トルストイ著、岩波文庫、1989年）。なぜか日経の記事にはこの引用がドヤ顔でよく行われ、筆者も一度使ってみたかった。

※3：「地球の重力に魂を引かれた人たち」はテレビアニメ「機動戦士Zガンダム」（1985年初放映）に頻出する言葉。従来の考え方や既得権益に強く囚われた人々（劇中では、宇宙時代に適応せずに地球の都合を最優先しようとする地球連邦の特権階級、指導者層）を指す。

※4：テレビアニメ「太陽の牙ダグラム」（1981年初放映）のこと。ミリタリーテイストあふれる作風でプラモデルファンから強く支持された。工場の逸話はマックスファクトリー社長のMAX渡辺氏から伺ったもので、日経ビジネスオンライン2014年7月11日掲載の「実はガンダム以上の成功作!?『ダグラム』のプラモは大人気」に収録したが、残念ながら23年9月時点で非公開。

# 「うちは営業にも工場にも損益責任を持たせません」

# 「N字再建」でまず気持ちを立て直す 数字に強いからこそ数字で管理しない

**相模屋の救済M&Aの特徴「N字再建」は、黒字回復→赤字転落→再度黒字というトリッキーなもの。気持ちを先に考えるやり方は相模屋本体でも共通している。「数字を気にせず思い切り働いてもらうため、損益責任は持たせない」という。**

――「N字再建」。Vじゃないんですね。V字回復、というのはよく聞きますが。

**鳥越** 普通はおっしゃる通り、Vですよね。私たちは最初にどん底からスタートして、まず既存設備で黒字化を達成します。黒字化したら、そこから攻めの投資をやります。設備投資の負担がかかるので、数字はいったん下がります。でも、商品力と生産力が強化されているので、そこから持続的な成長に入ります、という感じで、Nになるんです（左図）。

## ●相模屋食料の赤字企業の立て直し方

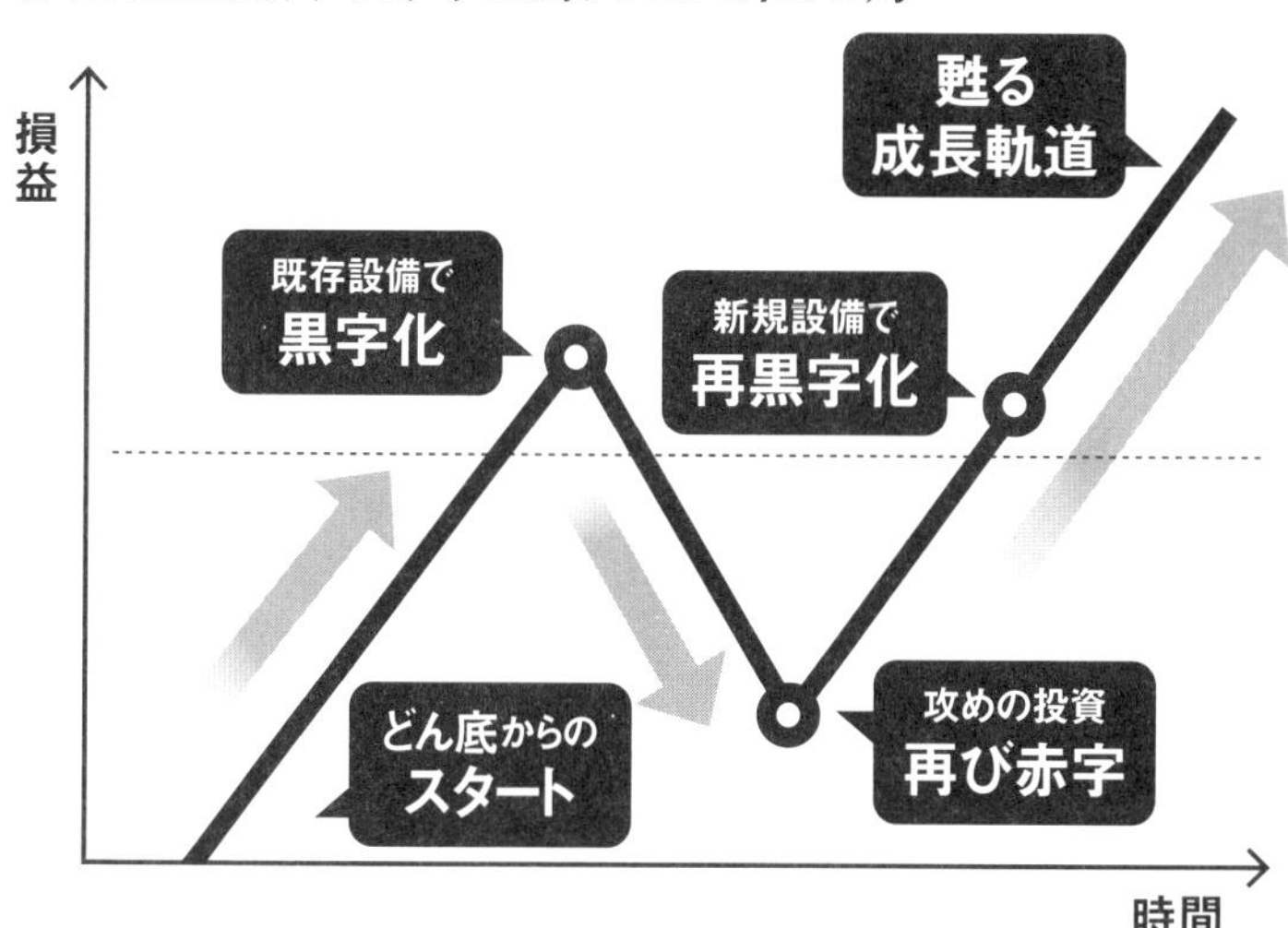


――改めて、まずはどうやって黒字化するか、から教えてください。

**鳥越**　はい、赤字が続く企業は、お客さまのために「やらなくていいこと」をたくさんやって、「やったほうがいいこと」をやっていない。なので、まずいらない商品や設備を捨てる。そして売れている、つまりお客さまが信頼している商品に絞る。会社の中身を売れているものだけにするという、とてもシンプルな方法を採ります。

――なるほど、ここまでのお話と重なりますね。

**鳥越**　ただし、黒字化してもそこで満足しない。この状態ではサステナブルではないので。

――なぜ持続できないんですか？

**鳥越** まあ、これだけで黒字になって将来も万々歳であれば、そもそも赤字が続いていないはずなんです。

――ああ、構造的な弱点がどこかにあるわけですね。

**鳥越** 相模屋に話が来るような会社はずっと赤字で、設備も完全に老朽化していますから、いらない部分をカットして利益が出せてもいっときなんです。補修でちょろちょろとお金をかけ続けるくらいなら、どーんと更新したほうがサステナブルです。

だけど、銀行さんとかは、ちょろっと利益が出たら、「これでいいじゃないか、この状況でそのまま続けなさい」という指導をされるんですね。そんなに甘いものじゃなくて、黒字化しても投資しなかったら、新しい製品も出せないからだんだん売り上げが減り始めて、いずれはまた赤字に戻ります。だったら一度赤字になっても、しっかり設備投資をやる。そうしたらその後は天井知らずで伸びる。というふうにやっていこうと。

――最初は既存設備で黒字化して、その後で設備投資をがっつり、というのがN字再建なんですね。でも、だったら、最初の最初から一気に設備投資しちゃったほうが効率が良くないですか。

## エンジンだけ載せ替えても動かない

**鳥越**　Yさんは「ファイブスター物語（ストーリーズ）」はご存じですか。

――　すみません、名前くらいです。

**鳥越**　あの世界に存在する人形（ひとがた）巨大ロボット、モーターヘッドに「ジュノーン」というのがありまして、でもエンジンが不調で性能を発揮できなかった。そこで、すごいエンジンに載せ替えようという話になるんですが、これが本体とシンクロせず、動かない。

――　高性能エンジンを積んでも動かない。なぜでしょう。

**鳥越**　エンジンの製作者とモーターヘッドの開発者で、それぞれの設計思想がまったく違っていたので、組み合わせても動作しなかったんです。

――　考え方を合わせないで機能だけ入れてもダメだ、と。

**鳥越**　はい、自分たちがやっていたことを全部否定されて、新しいもの、最新鋭の設備を入れられて、既存の人たちがやる気になりますかというと、なりません。「こんなの無理、自分たちには使いこなせません」となってしまう。

——頼んだわけでもないし、やりたいと言ったわけでもないのに、と。

**鳥越**　はい。「やらされている仕事」になるんです。強引に押し付ければ一時的な黒字化は可能かもしれませんけれども、持続性がない。さっきお話しした私たちの最初のM＆Aの失敗が、これだと思います。

だから「今いる人たちができることで、再建をします」というのが我々の基本です。さっきも言いましたけど、誰かを常駐させて、相模屋イズムに全部染めてやるというのだったら、救済でも再建でもないので。

単に生産拠点が欲しくてそんなことをやるんだったら、新規工場を建てたほうが全然いいんですよ。青臭い話かもしれませんけど、会社がつぶれそうで困っている人たちがいて、それを救うノウハウを私たちが持っている、じゃあ、再建をやりましょうというところから始まっているんです。真面目にそれをやっている。

だから、再建する会社の人たちが自分たちで動いて、「再建できてよかったね」と言ってくれないと、やる意味がない。「相模屋」という名前で全部やらされて、売る商品も、つくる機械も全部変えられて、俺たちの会社は跡形もない、なんてことになったら「これなら絶対前の会社のほうがよかった」と言われます。

――それは避けたいと。

**鳥越** 最初のM&Aで痛い学びをしたあとは、おかげさまでそういう例は、1社もないんです。

## 自力でやれた経験がプライドを立て直す

――話が戻りますが、つまり、N字再建では、「最初の黒字化を既存の人員と設備で成し遂げる」ことで、再建を自力でやってのけたと感じてもらう、ということですか。

**鳥越** そう。それがすごく大事です。再建中の会社の社員さんが、今まで持っていた設備で黒字化に成功することで「やり方が間違っていただけなんだ。俺だって、俺たちだってまだまだやれるんだ」と自覚してもらえるんですね。

――気持ち、プライドを立て直すために必要だと。

**鳥越** そうです。やっていることは前に見ていただいた（35ページ）通りで、ホワイトボードに私がばーっと書いて、「俺はこういう考え方だから、ここがいけないんだと思うんだ。でも、みんな、本当はわかっていたでしょう?」「はい」「だったら、これからはそれをちゃんとやろうよ」ということをひたすらやっています。

——つまり、赤字だったり破たんしてしまったのは、社員の能力じゃなくて、マネジメントの問題だったんだよと。

**鳥越** おっしゃる通りです。実際にそうですし。

——「何だ、そうか、俺たちがダメだからじゃないんだ」と気づいてもらうことで、どよーんとした閉塞感を晴らすわけですね。

**鳥越** そうです。みんなが半年前、1年前、もしくは10年前から、「こうやったほうがいいのに、俺が社長だったらこうするのに」と思っていたことっていっぱいあるでしょう。「こんなことはやめればいいのに」と、みんな思っていたことがあるでしょう、と。こう言うと、「ある、ある」と頷きが返ってきます。

## 管理する対象を減らすのが「いいマネジメント」

——マネジメント層の思い付きでやってみたけれど、やっぱり売れない、効果がない、みたいな。

**鳥越** あるいは「この業務はこういう書式で何時間以内に報告しろ」とかね。だいたい言った本人は忘れていて、でも現場ではそれを一生懸命守ってやっていたりするんです。

——あー……ありますね。やめていいかと聞くと藪蛇になりそうだからそのままにしちゃうという。

**鳥越** そういうのも全部、とっぱらってしまおうと。特に工場でそれをやると大きな変化が起こりますね。たとえば「おとうふをつくる水をおいしくする軟水器がうちのこだわりです」とか、マネジメントの人が言うわけです。装置自体は別に悪いものじゃないんですけれども、問題はそれでできたおとうふが本当においしいのか。食べてみたら、あまりおいしくない。というか、まずい。

こうした思い付きで入った機械のせいで、工程がやたらと複雑化したりする。これも本当によくあります。おとうふをつくる工程は本来とてもシンプルなんですが、その間にいろいろな作業を組み込んで、「工程がいっぱいあるのがうちのこだわり」と思っていたりするんです。これはさっき（24ページ）出てきた「非効率の美学」とは似て非なるものなので、混同しないでくださいね。

――ムダか美学か、それはどこで見分けるんでしょう。

**鳥越** 答えもまたシンプルで、おいしくなるかどうかです。手をかけておいしくならないんだったら、これはやめたほうがいい。

――マネジメント層の意向で商品の魅力に関係ない様々な付け足しが入ってしまって、現場の判断では止められない。豆腐に限らず普通に会社あるあるですね。

**鳥越** 現場の人も、「この工程、いらない」と思っていたはずなんです。私が考える究極の管理は、何も管理するものがないことなので、管理するものが減るのは基本的にいいことです。ですので、これがあったらおいしいの？　工程管理が大変じゃないの？　検品作業も増えるよね？　絶対、ないほうがうまいし、トラブルが減るよ？　と現場の人に尋ねます。私は新入社員で相模屋に入って数年間、朝の暗いうちから工場に入り浸って、職人さんに習って自分でおとうふの「寄せ（豆乳をにがりで固めること）」をやってましたので、おとうふの作り方はわかりますし、うまいまずいの目利きにはとっても自信があるんです（笑）。

「今ある工程を基準にしないで、最終製品の、おとうふがおいしいかどうかだけで判断して」と。おいしいなら残そう、おいしくないならやめよう。まあ、確実に工程をシンプル化したほうがおいしいんですよ。

## 損益分岐点の正しい「使い方」

**鳥越**　しかも、工程がシンプルになると、何より貴重な「人」が捻出できるんですね。「人が全然足りなくて、あれもできない、これもできない」と言われていた会社であっても、ムダな工程をなくすと、これまでの半分の人数で済むようにできたりするんです。

――へえ。とはいえそのあたりは、「再建会社に行くとまず出てくる」数字に強くてコストにうるさい管理系の人たちが、把握しているんじゃないんでしょうか。

**鳥越**　実は、数字の話をさせるなら、私はこの業界の中では一番強い、という自信があるんですね（笑）。管理系の方々の話で最初に出てくるのは、ご指摘のように損益分岐点がどうしたとか、コスト構造が、とかの話なんです。

――現状のコストをいかに切り詰めて、損益分岐点を引き下げるか、という。

**鳥越**　そしてそれって実はどうでもいいんです。

――どうでもいいですって？

**鳥越**　損益分岐点が、とか言い出したら「損益分岐点ってどう使うかわかりますか。計算の仕方じゃなくて」と言います。たいていきょとんとされますので「これくらいの利益率がある新製品を出せれば目的の利益率にたぶんいけるな、と考えるために使うんです」って、私なりの正解をお話しします。

## 新製品のシミュレーションを脳内で

――損益分岐点を引き下げるために、新商品の投入を考えるんですか。それってアリなんだ。

**鳥越**　利益率とか売上高の数字そのものは、「たぶん」「だろう」でいいんですよ。そんなところでごりごり精度を上げても仕方ない。結局やってみるまでわからないですから。

相模屋で新商品の開発・販売を長年やっているので、かかる期間や売り先も含めて、全部のシミュレーションが脳内でざっくりできるんです。で、次に出てくるのは「新製品はいいけどつくる人手が足りません」という声です。再建する会社はたいていそうなんです。

――なるほど。

**鳥越**　でも、さっきお話ししたようにたいていの場合は、意味のないことにたくさんの人が張りついているんですよね。

コストが何パーセントとかのエクセルを見る前に、やっぱり工場を見ておくことです。まず何を何人でつくっているのかを考えるんですよ。「さっき見てきたら、安売りの商品のラインに15人付いていたな。たぶんうちの工場だったら6人でいけるな」と仮説を立てる。そして、15人から6人で9人減らすときに、たぶんこういう障害が出てくるだろうな、ということもわかっているので、それを織り込んだ上で、たとえば6人減らすことにして「じゃあ、こういう新商品をつくっていこう、これだったらたぶん4人でいけるな、あと2人には何をしてもらおうか」と。ちなみに新商品の開発自体はお手の物です（笑）。

――なるほど、それが「損益分岐点の使い方」なんですか。既存のコスト削減や売上増だけじゃなくて、新製品に開発・製造のリソースをどう捻出して、どう売ると、損益分岐点をどのくらい下げられるか、と。これは数字だけ見ていてはできませんね。

**鳥越**　これを「数字でまとめろ」と言われればまとめられますけれども、ありがたいことに経営者なものですから、別に誰に説明をしなくてもいいといえばいいわけで（笑）。細かい数字はどうでもよくて、「あれをこうすれば、だいたい2％損益分岐点が下げられるな」というのが感覚としてわかるかどうかが大事なんです。その都度計算していたんじゃ話にならないんですよ。

――そんなこと言われたらぐうの音も出ない。

## 「数字に強い」とは、感覚を数値化できること

**鳥越**　「数字に強い」というのは、計算ができることじゃなくて、感覚を数値化できるかどうかであって、それが合っているかどうかは後で分析すればいい。私は自分で夜なべで検証しています。そしてもしダメだったらさっさと方向を変える（笑）。

そんなふうにして、おいしさに関係のないものをそぎ落とし、売れている商品に人と設備を集中していけば、黒字化が達成できる。たとえば京都タンパクは、製造しか触っていない段階で黒字になったんですよ。

――へえ？

**鳥越**　普通は製造部分を圧縮しただけでは縮小均衡に陥っちゃう。それでもどうにかなるのは、相模屋に営業力があるからです。相模屋の営業マンが商品を売っていきますから、

絞り込んだ製造ラインの稼働がどんどん上がっていくんですね。

――なるほど。

**鳥越** いらない設備を捨てて、人の配置を替えて、同時に仕入れの商品や原料の交渉もして、もっとローコストでできるようにして、営業力で販売を上げていく。というのが基本なんですけど、京都タンパクの場合は製造に手を入れるだけで黒字化しちゃったので、ということは、まだまだ収益化できる可能性があるわけです。

――営業力の秘密も伺いたいですね。でもその前に、営業に手を付けなくても黒字化できちゃったというのは、商品が良くなったので売上高が伸びたから、ということですか。

**鳥越** ちょっと違います。京都タンパクの場合は売れる商品は出ましたけれども、月商でいくと私が行った当時より2割以上、下がりました。

――あら、減っちゃって。

**鳥越** かなり下がっています。つまり、何かが売れるというよりは、元々のムダが多過ぎた。それを全部省いて、「おいしさと品質と安定生産」の3つだけをやっていけば、黒字化までいけたということですね。

――最初の黒字化は、一度縮むことで達成されるわけでしたね。

**鳥越**　そうです。繰り返しになりますけれど、黒字化の目的は数字じゃなくて、「何をやってもダメだ。刀折れ矢尽きた」と感じていた社員さんたちに「やればできる」という自信を持ってもらうこと。その自信を持つことで、一度下に潜れるんです。

## 黒字化できたら、どんと投資して赤字に

――N字の、右下がりの線ですか。

**鳥越**　経営数字的には償却負担などで沈むのを覚悟の上で、ここで設備投資をがんがん行います。工場だけではなくて、社員の福利厚生、細かいことですが作業用の白衣とか、あと食堂とかトイレとか、玄関とかですね。そちらもがんがんと、社員の気持ちがアガることなら惜しまず投資する。

「いつ赤字に戻るかわからないのに、玄関やトイレの改修に1500万円とかかけている場合なんですか」という人もいましたけど「トイレが汚くて仕事ができるか」と（笑）。ある再建中の会社の元社長の方からは「鳥越さんは、社員がお客さんだと思ってるんですね」と言われました。そうかもしれません。でもその分、仕事をきっちりやってもらえば

いいわけです。

――金融機関の人は「黒字化したら、それでいいんじゃないか」と考えがちとおっしゃいましたが、そういうふうに考える人は社員の方にもいそうですよね。また攻めに出てずっこけちゃったら、と。

**鳥越**　います、います。その不安を抑えるためにも、まず「黒字化できた」という自信と「働く環境がどんどん良くなっていく」という実感が必要なわけです。でも、なにより、「一度赤字に戻っても、その後で勝てる」と思える戦略を、ちゃんと示せるかどうかが大事です。

――ではその、本格攻勢のかけ方を教えてください。

**鳥越**　はい、設備投資では、既存ラインの商品を3つに区分けします。看板商品と、ベース、稼働率の基本的な基盤になる商品と、不採算の商品ですね。3つに分けて、投資を行います。

第1段階は、看板商品をしっかり育成します。営業はこれを売り込む、工場はこれを徹底的においしくする。ベースの商品はとにかく稼働率をアップします。ただし追加の設備投資はしないで修繕だけでやります。

## 儲からなくても木綿と絹はやめさせない

**鳥越**　うまく軌道に乗ったら第2段階です。ここで、儲からない商品に手を打って採算に乗せるか、もしくは捨てるか、どっちかを選ぶ。往々にしてここに木綿と絹が入ってくるんですが、これをやめたらおとうふ屋さんじゃないんですね。

――確かに（笑）。

**鳥越**　おとうふになんのこだわりもない方がマネジメントをやっていたら「こんな儲からないものはやめましょう」と即決するわけです。「価格競争にしかならないから」と。

確かにその可能性は高いですが、木綿と絹は「おとうふ屋さん」としては外せません。ですので、これを頑張って採算に乗せる。めちゃくちゃ儲からなくてもいいから、赤字は止めようという線で。

――成長しなくてもまあいいよと。

**鳥越**　木綿と絹は堅い需要があるので、稼働率がある程度稼げるんです。ただ、そうなると、今度は「ここにお金を掛けたい」という気持ちが出てくる。だけど、残念ながらいくらつくっても収益は上がりません。投資は稼げる商品に対して行って、こちらは採算ベースに乗せるために欠かせないところだけ投資する、という感じです。

――コストや稼働率だけ見てもだめ、売り上げだけを見てもだめ、両方クロスで評価するような仕組みをつくって、むしろ生産を減らすほうが儲かるということだってあり得る。

**鳥越** はい。まさに再建会社でそう言っていました。今の状態だと木綿、絹は生産をある一定のところまで落としたほうが赤字が縮小する。その代わりこの収益ラインでどんどん売り上げを上げていくぞ、とかですね。

何を狙って、どう投資していくのかを説明していくうちに、ついには損益分岐点の話までわかってもらえるようになるんです。

「何でボイラー、ガス、電気の設備を一生懸命更新しているんだ、製造に意味ないじゃないか」と思っていた人が、「固定費を下げるためなんだ」と理解してくれるようになったりします。それはすごくうれしいですね。

思い切った設備投資をやって、新規の生産ラインが入って、それを精いっぱい踏ん張ってがんがん回して稼働率を上げて、もちろん営業も頑張って売って、そこまでやって黒字にできる。大変ですが、全力で突っ込んでくれるから早期黒字化が達成できるわけです。

――そして、「黄金時代を取り戻そう」というキラーフレーズが現実になる、と。

**鳥越**　そうなんですけど、いろいろ理屈っぽくお話ししてきましたが、初期の初期、「生き残れるかどうか」が切実な問題として目の前にあるときは、もう、「大丈夫！　なんとかなる！」というある意味カラ元気を見せることから始まりますね。もちろん、作戦はアタマの中にちゃんとあるんですよ。でも、その作戦を聞く気になってもらわないと話が始まらない。

## 途中で勝てなくても全然かまわない

**鳥越**　そんなときいつも思い出すのが、アスターテ会戦で急に撤退戦の指揮を任されたヤン准将のセリフですね。「心配するな。私の命令にしたがえば助かる」。

――ああ、「銀英伝」の。「わが部隊は現在のところ負けているが」……。

**鳥越**　「要は最後の瞬間に勝っていればいいのだ」という。これはいいなと思っています（笑）。何を達成したいかが明確で、そのためには「現状は負けてるけど気にするな、途中は勝たなくてもいい」と。だったらやれるかも、と思うじゃないですか。

――「この人、少なくとも現実をちゃんと見てはいるな」と思えるだけでも頼もしい。

「わが部隊は現在のところ負けているが、要は最後の瞬間に勝っていればいいのだ」。これはいいなと思っています（笑）。「途中は勝たなくてもいい」んだと。だったらやれるかも、と思うじゃないですか。

**鳥越**　京都タンパクでは「私の言うとおりにやってくれれば、4カ月で黒字にできます」と宣言して、5カ月目で7年間赤字だった会社が黒字になりました。1カ月のずれがありましたけれども、有言実行できたという（笑）。そこですかさず祝勝会をやって。

──「この黒字を続くようにしないと」と言う人がいたらたしなめて、と（笑）。

**鳥越**　その会で、もう30年この会社にいる人から「10年以上こんな飲み会はなかった、みんなで笑い合うなんてなかった」と言われたんですよね。さすがにぐっときましたね。

──なんだかこうしてお聞きしていると、まずユーザーにとって意味がないことをやめて、社員の気持ちを立て直すところから真面目にやったら、日本の会社もみんな、けっこういい感じに元気になるんじゃないかと思えてきますね。

今の閉塞感って、働く人の気持ちよりも、数値目標の達成や工程管理の完璧さのほうが優先されちゃって、「目標を完遂しなきゃ」「手続き通りにちゃんとしなきゃ」というプレッシャーが生じて、どんどんやる気を圧殺しているせいじゃないかと。

**鳥越**　ただYさん、それは自分で言うのも何なんですけれども、管理より元気、途中で負けても最後に勝てばいい、って、オーナーじゃないとなかなか言えないことだと思いますよ。そして、そこにこそうちの強みがあるんですね。

――たとえば？

**鳥越** うちって、工場に損益責任がないんです。

これがどういうことかというと、ある日突然「A工場の稼働率がちょっと低いから、B工場からこの商品を抜いてA工場で生産してね」ということを、すぐにやれちゃうんですね。これをもし普通の会社でやったら、B工場の責任者が怒り狂うわけです。

――「A工場のためにうちの稼働率が落ちて赤字になるかもしれない、どうしてくれる？」と。

## 工場に損益責任を持たせない理由

**鳥越** 数字の責任は権限とセットですからね。会社全体で見れば「これこれの事情でB工場が2カ月間赤字になる？　でもそれ以上にA工場が稼げるんだよね。いいよ、いいよ、それくらい」という考え方ができるんです。そのためには、経営者〝だけ〟が数字に責任を持てばいい。うちはオーナー企業だからそれが可能、というわけです。

――そういえば最初に「上場企業の経営者だったら決算数字を見て半狂乱になってい

る」と言われました。

**鳥越**　はい。企業再建なんて、その期の損益計算書の上ではマイナスばかりです。すこし長い目で見れば、とてもいい投資になるんですけどね。それが実るのを待つのは、上場企業だと難しいかもしれません。経営したことがないので本当はわかりませんが（笑）。

――それは……。しかし、数字での責任とそれにひも付く権限を持たせないとなると、「全部鳥越さん任せ」の、無責任な組織になっちゃいませんか。それに、そうそう、営業の方は、さすがに数値目標が必要でしょう？

## 「前年比」で評価すると、人は出し惜しみをするようになる

**鳥越**　いえ、営業も数字では管理していません。製造部門と同様、損益責任はないんです。

――え？　いや、だったら前年比とか、売上高目標とか……。

**鳥越**　ありません。

――それでどうやって管理するんです？

**鳥越**　本人にモチベーションがあれば、数値目標なんてないほうが売れます。

――どうしてですか。

**鳥越** 数値目標があると、売る力がある人ほど出し惜しみするようになりますから。早い話、得意先のA社、B社、C社さんから注文が取れる見込みがあったとするじゃないですか。今年の目標はA社で達成、B社も取れれば上乗せボーナス、じゃあC社は来年の保険に取っておこうかな、と、考えませんか。

――考えますね。

**鳥越** ですよね。私も雪印乳業の営業マンだった時代ならばそう考えます。一方、うちには数値目標がない、つまり来年という概念がないんです（笑）。今年より来年伸びたからって、誰も褒めてくれない。次に取っておく意味がない。だから、売れるときに売れるだけ売るぞ、というマインドになる。

――う、うーん。

**鳥越** これは理屈というより体験から感じることですけど、取っておく意味って「数字を作る」以外にはあまりないと思うんです。出し惜しみしないでやっていけば、来年は来年でチャンスが来る。それに、来年にはもうトレンドが変わっているかもしれないじゃないですか。本当にC社さんから注文を取れるか、わからないですよね。

新製品もそうですね。出せるときに出せるだけ出す。やってしまえば出てくるけれど、せこく抑えると「もう考えなくてもいいや」と思うからなのか、出てこない。やればできるのに、やらなくするとやれなくなるんですよね。

――ちょっと意味が違うかも知れませんが、やった仕事は次の仕事につながりますよね。

**鳥越**　そうそう。そうなんです。仕事が仕事を呼ぶので、動けば次のチャンスや、助けてくれる人が出てくる。止まっていたら出てこない。新陳代謝を進めるようなものなんでしょうかね。わざと止めるとミクロではよくても、マクロではマイナスになる。

［この章のポイント］

❶組織の立て直しは、メンバーの自信を取り戻すことから。

❷「数字に強い」とは暗記や計算ではなく、行動の結果を定量的に読めること。

❸数値で人を管理すると、人は数値しか見なくなる。

## 気になる人向け 補足説明

※1：「ファイブスター物語」は永野護氏による壮大なコミック作品。『月刊ニュータイプ』1986年4月号から連載が開始され、長い中断や大きな設定変更（これによって「モーターヘッド」の呼称は「ゴティックメード」に置き換えられた）などを行いつつ現在も続いている。2023年3月に最新17巻が発売された。

※2：田中芳樹著『銀河英雄伝説 1 黎明編』第二章より。「銀河英雄伝説（銀英伝）」は「有能な皇帝による独裁国家」と「無能な政府による民主主義国家」の星間戦争を通した興亡を描く小説。全10巻、外伝5巻。アニメ化、映画化で大人気となった。ヤン准将は民主主義国家＝自由惑星同盟側の軍人。

# 第3章

# 「数字で管理〝しない〟から全体最適ができるんです」

# 損益責任がないから実現できる工場の〝三段撃ち〟、営業の〝相模屋通信〟

**売上高、利益といった数字で管理しないことで、社内がつながりやすくなる。迅速に「会社全体」のために動くことができる組織は平時はもちろん、新型コロナ禍のような緊急時すらチャンスに変える。**

――もう一度確認しますけど、相模屋のマネジメントには、工場、営業、ともに「損益責任」がない。ということは、責任にくっついてくる権限もないんでしょうか？

**鳥越**　いや、権限委譲がないわけではもちろんありませんよ。相模屋は組織の階層が少なくて、権限も私に集中させていますが、それは「現場との意見のキャッチボール」を正確に、素早く行うためです。「全部こっちに情報をよこせ、考えるのは全部俺だ」という話ではないので。

――「こうしたい」という現場の意見は上がってくるんですか。

**鳥越** 来ます来ます。もちろん来ます。それがなかったらこんなに業績は伸びてません。最近はみんながこのやり方に慣れてきて、「どうしましょう」という相談よりも「こうしました」という報告のほうが多くなってきてます。

――なるほど。でもおそらく鳥越さんは、みんなの意見を聞いてバランスを取るために権限を集中させているわけではないでしょう？

**鳥越** そうですね。

――では、鳥越さんがオーナーかつ最終決定者として、権限を集中している理由は？

## 「全体最適」を実現するには責任と権限の集中が必要

**鳥越** 権限を集中させているのは、ひとえに全体最適のためだと思っています。言い方を変えると社内を「つなぐ」ためですね。

いろいろな情報が上がってくるけれど、個々の製品や工場や営業の、個別の最適で見ていくのと、全体の最適で見るのとでは、全然違う結論になる。「これとこれでこうつながるから、これはこうやっておいて」というようにリンクをつなげるのが、社長である自分の仕事じゃないかと。

――個別の事業部がそれぞれ独立国みたいになって、調整のために経営企画室みたいな組織ができて、でも横串を通す組織をつくると、タテの組織が「こっちにはこっちの事情があるんだ」と、情報を抱え込んで対抗する。そんな話はよくありますね。

**鳥越** はい、それをやると意思決定のスピードはがた落ちになります。そして、決める内容も、「どこからも文句が出ないように」という丸めたものになると思うんです。

――決定が遅れて、しかも総花に。

**鳥越** どの部署にもいい顔を、ではなく、全体で一番いい形で決定するのが経営者の仕事。でも、それだと売り上げや収益にダメージを受ける部署がある。だったら、その責任は負わない仕組みにしておく。責任は社長の私が取る。私からお願いするのは、「全体最適を意識して指示するから、皆さんそれを理解して、対応してね」ということです。

――なるほど。もしそこに「でも、個別の数値目標はクリアしてね」と付け足したら。

**鳥越** 誰だって「社長の言うことはタテマエだ」と理解して、全体最適より自分の売り上げ・収益を優先しますよね（笑）。だから、数字に責任を持たせないのは当たり前なんですよ、全体最適を目指すなら。

――なるほどそうか、いや、でも、それで組織がコントロールできるものですか。

**鳥越** おっしゃる通りで、これは「何かを成し遂げたい！」という、強いモチベーションを持つ人が働いていることを前提として、初めて成り立つやり方です。

――仕事が嫌いな人はもちろん、普通の会社員だったら、どうかな、責任がないならできる限り手を抜いて、怠けるほうに行くんじゃないかな……。

## 工場がすばやく〝陣形転換〟

**鳥越** 先に、このやり方のメリットからお話ししますね。

さっき触れましたけど、工場が売り上げ・収益の責任を持たないで済むことで、我々が「陣形転換」と呼んでいる、生産体制の迅速・柔軟な変更が可能になります。

――グループ会社の工場も含まれるんですね。

**鳥越** はい、もちろんです。相模屋グループ全体の工場で、どの製品をどこで生産するか

●グループ全体で柔軟・迅速に生産配置を移管

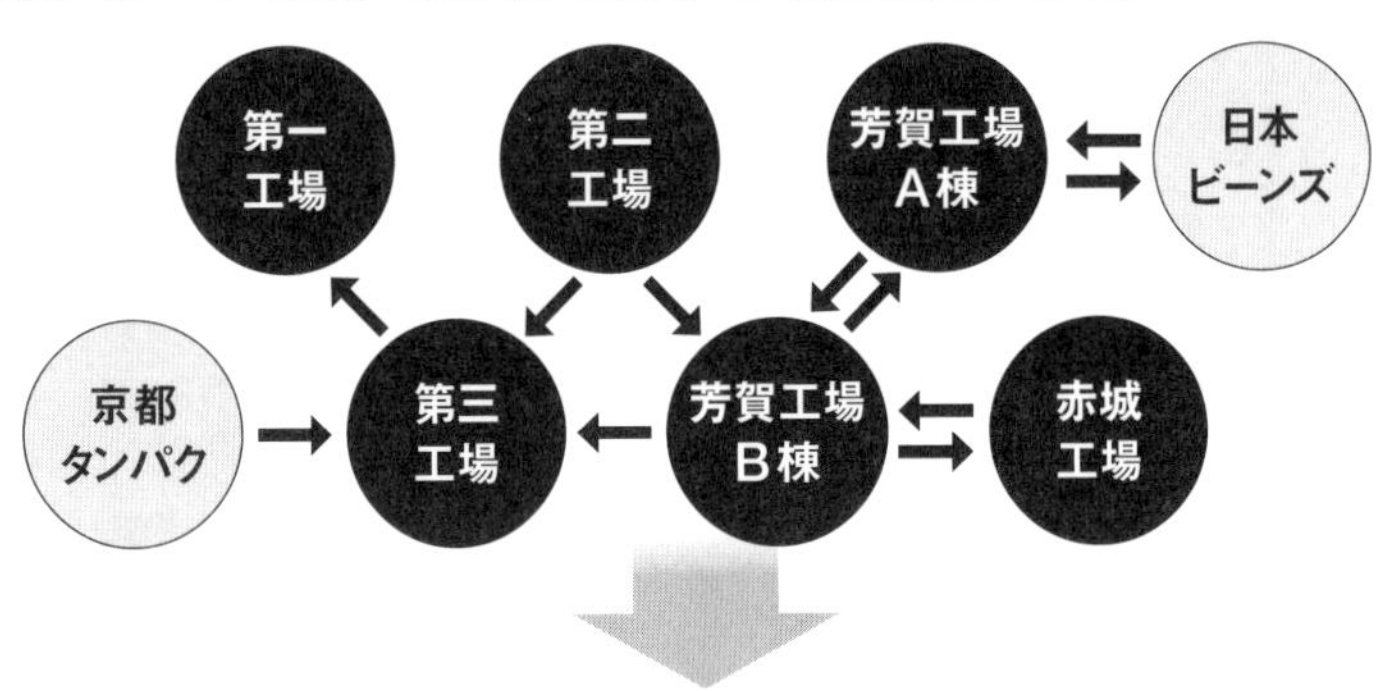


需要の変動や工場側の事情に応じて、商品の生産をすばやく、かつさまざまなやり方で移管できる。対象になるのは相模屋本体だけでなく、グループ会社の工場まで含まれる

を調整できます。もちろん、揚げ物のラインがないところとか、物理的な限界はありますよ。

――でも、そもそも陣形転換をやるような機会がそんなにあるんでしょうか。

**鳥越**　「長篠の三段撃ち」ってご存じですよね。

――織田信長が武田勝頼の騎馬武者の突撃対策に使ったやつですか。当時の鉄砲の、弾込めに時間がかかる欠点を、鉄砲隊を3組に分けて交代することで連射を可能にした、という。

**鳥越**　はい。相模屋の場合は各工場が主力製品、たとえば焼きとうふの第一工場、「ビヨンドとうふ」の第三工場、といった具合に、得意な商品に全力投球して、状況に応じて主攻を担うんです。金曜日までは第一工場が焼きとうふで主攻、週明けからは第三工場が主攻を交代してビヨンドとうふ、と。これが陣形転換の基本です。

――俺たちは今週の主役だからがっつりつくろう、来週は後ろに回ってひと休み。

**鳥越** はい、そんな感じです。全部ずっとやるとダレるので、陣形転換で前に出るときに得意技で頑張ればいい。そしてこれの応用として、需要に対応しきれない工場の応援があります。

――そうか、毎日注文があって、量が変動するデイリーの商品だから。

## 発注量の急変にも柔軟に対応

**鳥越** はい、おとうふは「今日言われて今日つくって今日届ける」、まとめてつくって冷蔵庫に置いておくことができない。いわば「在庫」という概念が、ない。そして毎日の注文量が大きく変動するんですね。セールの目玉になったりしますと、納品の6時間前に

「前の日の20倍の量を持ってきて」と言われることもあります。

――えっ。

**鳥越**　とはいえ、こちらも前もって「セールだから増えるぞ」と予測して準備しています。スーパーさんの発注担当者が午前中に注文を出し、午後1時から3時半ぐらいまでに数字が上がってきます。発注を受けて調整し、だいたい午後6時くらいには工場を出ます。

当社の本社工場の場合なら100万丁のおとうふを、群馬の工場を出発して、先方の物流センターにだいたい夜10時には届けなきゃいけない。昼間に受注したものを夜中に納品という、ほぼジャスト・イン・タイムみたいなものです。というわけで、「あっちが足りないからこっちでつくろう」と、陣形転換をやる機会は頻繁に訪れるんです。その意味でも、グループ化で生産設備が日本のあちこちにできてきた意味は大きいんですよね。

――物流コストにも効いてきそうです。

## コロナ禍で試された〝陣形転換〟の実力

**鳥越**　そしてこの仕組みがあると、緊急事態に強いんですよ。それが証明されたのは、新型コロナ禍のときですね。2020年の春に外出自粛の要請が出て。

――みんな買いだめに走った。

**鳥越** あのときは、スーパーさんの棚から食べ物が全部なくなっちゃいました。

――豆腐はどうだったんですか。

**鳥越** はい。量は普段の3倍くらいですが、スーパーさんも我々も、とにかく需要の予測がつかなくて。「明日はどうなるんだ?」と頭を抱えていました。

――ちなみに、そういうときメーカーの社長はどんなことを考えているんですか? 稼ぎ時だ、とワクワクしました?

**鳥越** そんな余裕はないですよ。「何とかここで、欠品を出さずにこらえなきゃ」と思ってましたね。他社さんの欠品が始まって、その分までうちに来る、うちは絶対おとうふの供給をつなぎ続けるぞと。そういえば、この頃ちょうど新入社員の入社式があって。13人入ってくれたんですけどね。コロナ禍で内定取り消しもあったので事前に「大丈夫でしょうか」と問い合わせが来たこともありますが、こっちは生産・配送で人手がいくらでも欲しいところでしたから「絶対来てくださいね」と(笑)。

――なるほど。

**鳥越**　入社式でも、いままでは校長先生みたいな話はあまりしなかったんですけど、初めて「使命」とか、言っちゃいました。こういう新型コロナが生活にパニックを起こしているときに、食品を供給しているというのは、素晴らしさというよりももはや使命だと。だから絶対つなぐぞ、俺たちが（供給を）切らしたらもう日本のおとうふは終わる。これまでは、世の中がどうとか、みんな考えてなかっただろうけれど、今日から社会人だ。社会人というのは、社会に責任を持つということなんだからね、とか話しました（笑）。いや、本当に、真面目にそんなクサい言葉を入社式で話したのは初めてですね。

――いやいや、茶化す気にならないですよ。しかし、日持ちしない豆腐って買いだめしても意味がなさそうですけど、それでも売れちゃうんですか。

**鳥越**　おそらくですけれども、まず冷凍食品などの賞味期限が長いものがわあーっと売れて、でも冷凍庫の大きさでもうマックス、上限になっちゃうじゃないですか。その上で、デイリーで買えるものがあったらどんどん買って、そっちから消費しよう、ということだったんじゃないかと思います。

――なるほど、冷凍食品は補給が切れたときに取っておいて、今日の胃袋を埋めるためのものを買いに来る。

## ●コロナ禍の2020年3月末〜4月の売上高前年比

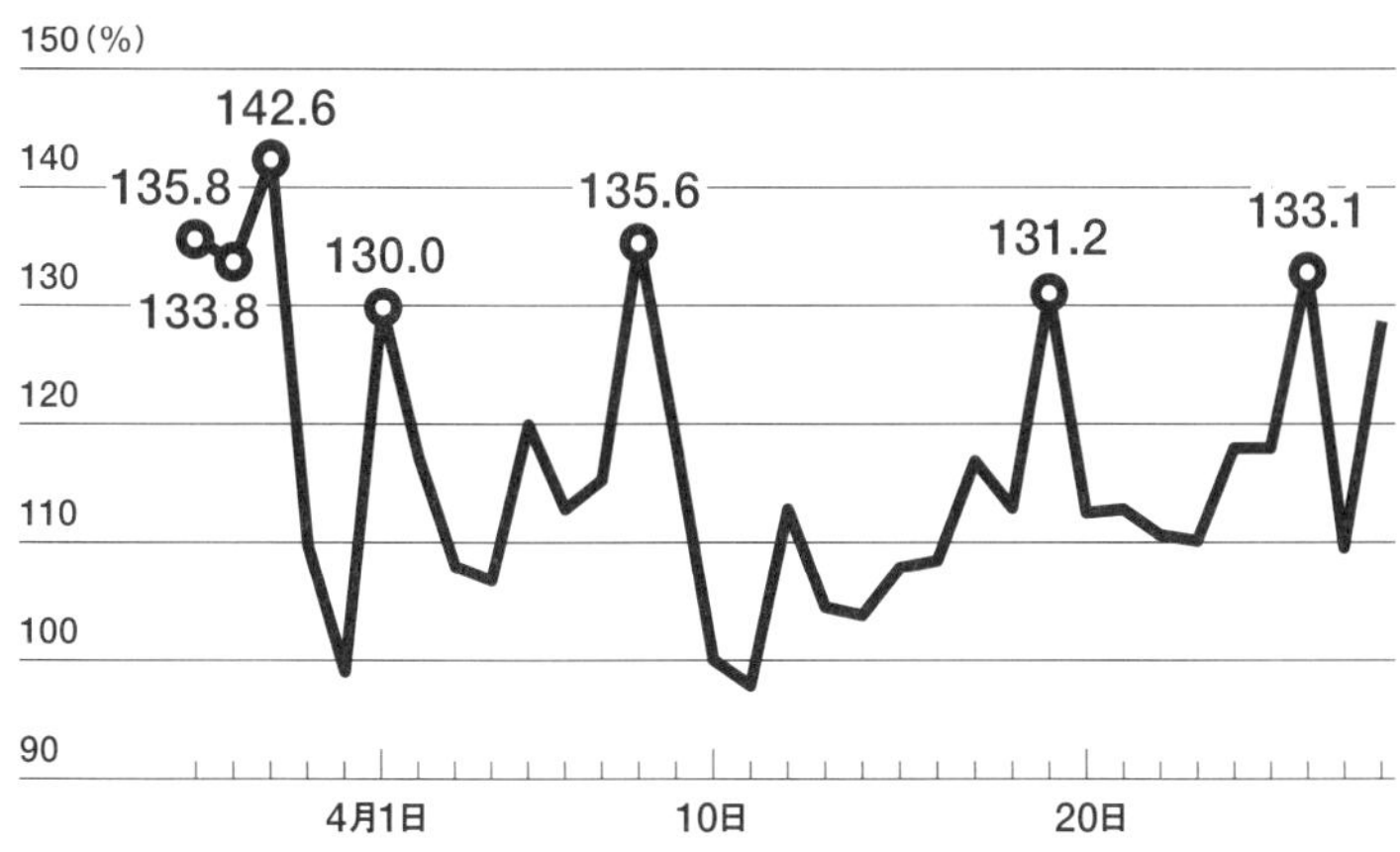


**鳥越**　なので、いままで動かなかったサブ的な商品、品ぞろえとして置いてあった商品ががんがん動きだしました。つまり「買える食品は何でもいいから買っておけ」みたいな雰囲気になっていたんじゃないかなと。

――豆腐は料理のバリエーションもあるし、スーパーとしてもありがたい商品でしょうね。

**鳥越**　これまでの売れ方とまったく変わってしまったので、スーパーさんも発注のロジックが通用しなくなって、どのくらい注文すればいいのかわからない。結果、こんな感じになりました。

――大波小波の発注量、ブレっぷれで

すね。変動の幅はセールの時ほどではないようですが。

**鳥越** セールの時は発注量が予想できるから大波でも対応できるんですが、このときは明日はどうなるか、スーパーさんも我々も、全然わからないという。

―― なるほど、では、需要が読めない、明日はどっちだ！ という場合の供給戦略とは。

**鳥越** いや、基本、ひたすらつくって供給する以外にないです（笑）。

## ホワイトボードに手書き＋スマホで情報共有

**鳥越** でも「とにかくつくれるだけつくる」とやっていたのでは、売れ残ったり、原料の豆が足りなくなったりして、たちまち欠品です。生産を柔軟に割り振って、スーパーさんの要望に対応せねばなりません。そこで今回、「災害対応ボード」というのを導入しまして。

―― おっ。

**鳥越** まあ、使うのはいつものホワイトボードなんですけど。

―― ガクッ。

**鳥越** ホワイトボードに、発注がこれこれ、何時までに生産完了して、とか書いていく。

全部私の手書きです。

これをスマホで撮影して、アップルの「iMessage」で関係者全員にぱっと送って状況を共有します。誰が何をどこでやっているか、何に困っているかを、私がまとめてボードに書いて撮影して送信して、共有しながら進めていく。情報をブレなく、瞬時に、伝言ゲームなしで伝えることができる。

どこそこの工場でこういう原因でトラブったから気をつけて、とか、営業のほうからはライバルメーカーの欠品情報だとか。そこに「ということは、たぶんうちに欠品分の発注が来るから、準備しておいて」と私が指示を付け加えるわけですね。

――新しいシステムや複雑な操作なしで、図表付きの情報をそのまま共有できるというのはいいですね。

**鳥越**　幹部はみんなスマホをiPhoneに統一して、iMessageを使えるようにしています。画像や動画がぱっと出せると「ああ、このトラブルはうちも可能性があるな」とすぐ気づけますからね。この仕組みは、実は再建中の会社の現場改善で活用していましたので、今回もスムーズに情報共有ができて、手が打てたわけです

――すでに皆さんが使いこなしていたんですね。

**鳥越**　災害があってから突然始めてもうまくいかなかったでしょうね。共有するだけじゃ意味がなくて、届く情報に対して、自分が対応すべきか、しなくても大丈夫かの判断が必要で、慣れてくるとそれが速く正確になっていく。導入した当初は「やっぱり話したほうが早いよ」という人もいましたが、「じゃあ30何人といっぺんに話せるの」と、メリットが浸透してきて。

――だいたい30人から40人ぐらいで回っている感じですか。

**鳥越**　はい。そしてiMessageが32人までしか同時に通信できないらしいんですね。ですので、4人から10人くらいの組を何個かつくっています。

## ほぼ欠品を起こさずに乗り切り、売り上げを大きく伸ばす

**鳥越**　こういう準備があったので、コロナ禍のリモート対応もスムーズでした。ただ、リモートでは手が打てない部分もあるわけです。たとえばこうした緊急時って、みんな現場、工場にいたがるんですよね。現場から離れようとしない。ありがたいけれど、無理し過ぎて倒れてもらっては困るので、そこは顔を見ながら注意していました。生命線である主要

工場の工場長クラスには「15分でいいから」と本社に毎日来てもらって、やっぱり顔を見ながら状況説明をやっていました。対面も大事です。

こうした対応のおかげで、競合さんが次々欠品を起こす中、うちはほぼ欠品なしで通すことができました。20年3月〜5月はグループ全体で前年より3割売り上げが増えましたね。でもそれ以上に「相模屋は欠品を起こさない」という信頼を勝ち得ることができたのが大きいです。おとうふは、スーパーで「売っていない」なんてあり得ない商品ですから、欠品は許されない。それを相模屋が支えることができた。

――なるほど、そして欠品を防ぐことができたのは、社員さんの頑張りに加えて、即断即決、内部調整抜きで生産体制を変えられる仕組みがあったことだと。

**鳥越** そうだ、この時期は、営業もすごく面白いことをやっているんですよ。「相模屋通信」というのを急遽（きゅうきょ）、発刊しましてね。

――はあ。

**鳥越** コロナ禍でお客さまは外出自粛、会社も営業活動が止まっちゃったじゃないですか。そこで、我々がお取引先のスーパーさんから仕入れた売り場の情報を、「相模屋通信」と名付けて配信したんです。

――これですか（左ページ）、ハンドメイド感満載ですね！

**鳥越**　本職の方に見せるようなものではないんですけど。

――いやいや、いやいや。生々しくていいですね。

**鳥越**　外出自粛になっていたときって、一日一日でお客さまのニーズが変わっていったんです。売れ筋が日々動く。最初は素材系の商品が売れていたんですね。本当にマズローの5段階の欲求みたいな感じで。

――なるほど（笑）。まず食えるもの、みたいなところから。

**鳥越**　物的要求がずっとありまして。そこから、手づくりでイチから料理しようという動きが出ます。たとえば麻婆豆腐もレトルトじゃなくて、もとからつくろうか、カレーもスパイスから買ってこようかとか。高い食材が急に売れ出したりとかもあった。

## バイヤーにリモート取材して、毎日配信

**鳥越**　そういう店頭の動きを、うちの営業が各スーパーさんのバイヤーさんに毎日聞いて、どこのお店かは書かずに「A社ではこれこれ、B社ではこれこれ」とまとめた。スーパー

相模屋通信

4/23 木

本日のトピックス

【オンライン飲み会需要】出現!?

"Zoom飲み"

▼▼ WEB飲みブーム到来！！▼▼

5 飲み会はオンラインで

▶ 宅飲み／家飲み（ひとり飲み） ⇒ オンライン飲み会（多人数飲み会）

@自宅 ひとり飲み⇒多人数飲み会 | 各人の好きなお酒・おつまみ | お酌取分け不要

▶ お酌や取り分け不要だが、盛り上がっているとき画面から離れたくないので
お酒・おつまみのスタンバイは万全にしておく傾向あり！！？

≪オンライン飲み会関連商材好調≫

おつまみの定番！
- ナッツ類170%～
- 珍味120%～
- ナチュラルチーズ400%～

ドリンク多様化！
- コロナビール180%～
- ハーフボトルビール⤴
- オシャレ缶のビール⤴

出典:KSPPOS

豆腐おつまみ関連
- 湯葉 240%～
- 揚げ出しとうふ140%～

サブ トピックス 続・手造りメニューバリエーション化

時間の有効活用により、レンジUPよりも"調理をすること"が増加している！？

焼きメニュー　調理の2極　煮物メニュー

親子で"楽しい"食卓に

▽ホットプレート活用シーンが拡大か！？
・お好み焼き粉 ⤴ たこ焼き粉 ⤴
→子供と一緒に"楽しく"手づくりチャレンジ！？
・"おうち焼肉"もSNSで拡大？

▽大皿メニューが拡大！？
・本格中華系調味料 ⤴
・中華系大皿メニュー商品 ⤴
→こだわって作る方 続出！？
→本格中華をひと手間アレンジ！？

118.1%

食卓にプラス1品！！

▽カレーをつくるシーンが増加
・カレールウ ⤴ 出荷調整も!?
・じゃがいも 200%～ ・にんじん ⤴
・豚コマ肉 ⤴

▽求められるはつくり置き！？
・煮物手造りシーン拡大 → つくり置き？
⇒かさ増しニーズ増 → 絹厚揚げチャンス！

▽鍋もバリエーションが見られる？
・鍋つゆ絶好調／チーズフォンデュ ⤴

相模屋

相模屋通信につきましては あくまで根拠にこだわらず、独自の視点で記載しておりますので あらかじめご了承ください。

相模屋食料の営業担当者が取引先のスーパーのバイヤーに電話取材して仕入れたネタを、自社の商品と絡めて記事にした「相模屋通信」。右下に「おことわり」が入れてあるのバイヤーさんも外に出られないので、他店さんの情報が入ってこないんですよ。

――え、じゃあ、これは社外にも出しているんですか。

**鳥越** というか、これは社外に出すためにつくっているんです。なので、「責任は持てません」というおことわりを、ここに入れてあります（笑）。

――うわあ（笑）。

## 日経に半月先んじたかも（笑）

**鳥越** オンライン飲み会の需要を狙おうという話を載せているんですが、これは2週間後に同じような内容が日経に出ていて「あ、半月勝った」みたいな。

――げっ、抜かれている（笑）。

**鳥越** 朝、情報を集めて、だいたい昼の1時か2時ぐらいにはお取引先に配信をして。それでまた次の情報をもらうんですね。「あっちのエリアではこうなんだ、うちはこうだったよ」って。

――ええと、この相模屋さんの〝取材〟は、リモートだったわけですよね。

**鳥越** そうです。お店に伺っての営業活動ができないし、商談だとかもありませんし、外出もしちゃいけないので。だったらお取引先へのお役立ちで何ができるだろうと、電話やZoom、Teamsで営業報告と合わせて「役に立ちそうな話」を聞いて、相模屋通信をやろうよ、と言ったわけです。

――どんなふうに制作していたんですか。

**鳥越** 赤城工場の3階にホールみたいな空きスペースがありましたので、机を置いて、集まれる人はリアルで、出られない人はウェブで参加してもらいました。60型のテレビを買ってきて、Zoomの画面を映して。そこで「じゃあ、東京の何とかさん、ちょっとお話聞かせて」「今日の営業報告は以上です。相模屋通信のネタになりそうなのはこれこれの話です」みたいな感じで。それを課長2人がまとめて、私がばーっと添削して、と。一通り4時間で毎日やりました。

――すごく大変じゃないですか。

**鳥越** はい、毎日朝はものすごく大変でした。朝7時半ぐらいから営業のミーティングをして、みんな一人一人報告するんですね。何々スーパーさんは客数前年比95%で、お客さま単価が120%。何々が売れています。カレーのルーはどこそこが欠品しました、とか、そういう情報も。

――豆腐にも揚げ物にも関係なくてもいいんですか？　そもそもデイリーの担当者がよその売り場のことを知っているんですか。

**鳥越**　こちらから聞けば教えていただけますよ。それに、「あっちが売れている、こっちが売れていない。こっちが欠品している、あっちは潤沢にある」というのがわかれば、「じゃあ、相模屋のこれと絡めてあれ売りましょうよ」という話ができますので。

――あっ、そういう狙いか。

## 「うちじゃ広報が許さないな」

**鳥越**　はい、おとうふに関係ないところも情報という情報は全部。アイスはいま、マルチじゃなくて、箱型の1キロ入りが売れています。じゃあ、大容量がテーマなのかも。いや、これって「長持ち」という概念への意識が強くなったんじゃないか？　長持ち、という概念を突き詰めていくと「賞味期限プラス容量」になるのかも、とか。

――面白い。そこで相模屋さんの「大容量」商品を絡めてアピールすればいいわけか。

うまい営業ツールを考えましたね。

**鳥越** 想像ですけど、うちの営業の社員もたぶん、最初は無理やり……。ネタを取ってこなきゃ、みたいな。

**鳥越** そんな気分だったと思うんですけど、お取引先から集めた情報をちゃんとその日のお昼過ぎに配信して「こんなのつくっちゃいました」とお見せできると、先方も「よそではこんなことをやっているのか」と興味を示していただけて、これでキャッチボールが始まる。「東スポみたいだな」とよく言われましたけど。

お取引先を介して「とうふ屋がこんなことをやっているぞ」と気がついた大手メーカーさんが連絡してきたことがありました。「これは相模屋さんだからできるんですよ。うちじゃ、広報が許さないでしょうね」と言われましたね。

――それはそうだわ。大手であればあるほど難しそう。

**鳥越** 我々もこのときは必死でしたので。お客さまの動向が、先ほど申し上げた通り本当に1日たったらもう次の段階で、全然違うマーチャンダイジングをやらなきゃいけない。多少怪しくても、おことわりを入れて出すべきだろうと。

――裏をとろうにも、とっている間に情報が古くなりそうだし。

**鳥越**　そういうこともあって、開き直りました。でも、自分が大手企業の社員だったら、とてもやれなかったと思いますね（笑）。

それでも、やっぱりいつかはマンネリ化してくるんです。それに、お客さまの嗜好がだんだん落ち着いて、それほど変化しなくなってくる。そうなったら続ける意味はないので、5月にすっぱりやめました。

――1カ月ぐらい？

**鳥越**　1カ月もやらなかった。4月20日が初回号ですから、3週間でしたね。

――変化がある間は面白かったし役にも立ったけれど、状況が落ち着いたら、それこそルーチンを回すだけの仕事になっちゃうわけですね。

**鳥越**　そうですね。それにリアルの商談にはまだ行けませんでしたけれども、オンラインの商談はどんどんできるようになりましたので。

## 欠品を起こさなかったから取材ができた

**鳥越**　やっぱり、できないことを考えるんじゃなくて、何ができるか考えてぱっと動くことが大事だと思います。そして相模屋通信が成り立った大前提として、私たちが商品の供給をきちんとやることができた、全体最適で動けていたので欠品をしなかったということがあるんですね。

――欠品が相次ぐ中で信頼を裏切らない会社、と認識されていたから、相手をしてくれたのかもしれないですね。

**鳥越** それもありますが、当時、メーカーからスーパーさんにかかってくる電話というと、おそらく欠品の謝罪ばかりなんですよ。

――なるほど。

**鳥越** 「すみません、今日これ間に合わなくて、500ケース、500ケースまでは出しますので」とかね。そんな電話をかけてくるところから「ところで今日は何が売れていますか」と聞かれても、話をする人はいませんでしょう。

――いないですね。「そういうことを言う前に欠品を何とかしろ」ですよね。

**鳥越** 「謝罪じゃない電話なんて久しぶりだ」という感じでご対応いただけたようです。

そうだ、相模屋通信をやってもう一つ良かったのが、頑張っているのにあまり目立たなかった営業のメンバーに光が当たるきっかけになったことです。ある営業の担当者からいいネタが続々出てくるので驚いて、「いつの間に、お取引先に電話してここまでの情報を毎日仕入れられるだけの関係性になったの？」と聞いたら。「いや、普通に」と言う。「だって本当に普通に営業しているだけだったら、こいつにここまでの情報を出してやろうとは思わないよね」と根掘り葉掘り聞きました。

そうしたら、彼はお取引先にいい提案を繰り返し出していることがわかった。数字を出している人は何もしなくても目立つんですけれど、毎日、発表させる機会を設けますと「考えて粘り強く頑張っていた人」が見えてくるんですよ。

会社の中で仕事に燃えている人って、自分が思っている以上にいるんだ、いてくれるんだと。そしてそういう人が、私だけじゃなくて他のスタッフからもばーっと見えるようになって、燃える集団の輪が広がっていく気がしました。

――頑張っている人の話を聞いていると、周りの意識も変わるかもしれませんね。

**鳥越**　そうなんですよ。気づいてくれる人は気づいてくれましたね。「これまで自分がやっていたスーパーさんとの商談の提案はすごく狭い話だった。こんなに様々な商品と絡めてやれるものなんだと、何度も言われていたけれど、初めて腑に落ちた」と、メールをくれた人もいました。

――その辺が、相模屋の営業力の秘密ということでしょうか。

**鳥越** そうですね。たぶんうちの営業で業界他社と違うのは、「何か言われたときに、言われたことだけで返さない」こと。これを何度も何度もトレーニングしています。

## 「言われたことだけで返さない」営業

**鳥越** たとえば揚げ、あ、油揚げを揚げと言うんですけれども、スーパーのデイリーの担当の方から「揚げの売り場がちょっといま厳しいんだよね。商品を提案してくれない?」と言われたときにどうするか。

――他店で売れ筋の油揚げとか、新商品とかを持っていくんですかね。

**鳥越** そう、そのときに揚げの商品を提案するのはたぶん普通の営業ですね。うちの営業は、まあ、全員が全員できているわけじゃないですけれども、「油揚げが不振だ」と言われたら、じゃあ、揚げだけじゃなくて、おとうふの売り場全部を提案しましょうと。

――なるほど、と言いたいところですが、それって単にずうずうしいヤツと思われませんか? 「こっちは揚げだけでいいと言っているのに」って。

**鳥越**　はい、おっしゃる通りです。この提案をする前提として、基本的に持っていなきゃいけない情報があるんです。私が雪印乳業の営業マンだったときに思いっ切り叩き込まれたものですが、この業界ではやっているメーカーがほとんどない。

――どういうことでしょうか。

**鳥越**　まず、そのスーパーさんのお店の売り上げがありますね。大きさにもよるんですけれども、だいたいそこの食品の売り上げの1～3％がおとうふ、揚げなどの大豆加工食品系の売り上げなんです。これは全体が大きいほど比率が下がります。

――なるほど。

**鳥越**　たとえば3％としましょうか。お店の売り上げはいくらですか、年1000億円ですと。じゃあ、おとうふ関連で30億円ぐらいかなと。そのうちの6割5分と3割5分でおとうふ、揚げで分かれていたら、まあまあ、平均的な売り上げなんです。

でも、お店は不振だと言っているからその比率が低いはず。調べてみて、もし、揚げが25％しかないとしたら、「あと10％伸ばせる余力がありますよ」という話ができるわけですね。そこから、「この10％を伸ばすために、おとうふの売り場全体を、こういうふうな構成で固めていきましょう」という提案をしていく。我々は、売り場全体を提案してつくれるだけの商品を自前で持っているので、それが可能なんです。うちの営業の形はこれですね。ポイントとしては、単に商品を増やすよりも、何を売り場で訴えていくのか、構成から考えていくこと、でしょうか。

## モチベーションがないと面倒でやってられない

**鳥越** 言われたことをただやるんじゃなくて、「もっと全体をやっていきましょう」という話を持っていくのって、けっこう勇気がいることなんですよ。先ほどもご指摘を頂いたように、先方からすれば下手したら押し売りになっちゃいますので。

でも、少なくともおとうふの業界では、数字の根拠と作戦まで付けて持っていく、なんてことはまずやらないので、「ああ、待っていたんだよ。ここまで分析してくれるの」と。これは先週聞いた生の声ですけれども、「一言言ったらこれだけ提案が返ってくるってすごいよね」とお褒めいただいたそうです。これは同業他社の営業とは、大きな違いがあると思います。

―― でもこれ、担当者に相当のやる気がないと、面倒でやれないでしょうね。

**鳥越**　それはやっぱり、おとうふのマーケットを俺たちが引っ張っているんだ、というような思いと、まだまだ我々は弱小なんだから、きれいに効率よくなんて考えないで、がんがんいこうよという、貪欲さといったらいいんですかね。

――貪欲だけど、「何でもいいですから、揚げを買ってください、なんなら安くします」という話じゃないわけで。

**鳥越**　そうです、そうです。ここで大事なのはその場の売り上げじゃなくて、次につながっていくことですので。全体で提案したけど、結果としては油揚げだけ買っていただけた、というのと、全体の提案をしないで、言われたから油揚げを売った、というのでは、売り上げは一緒かもしれませんけれども、次に相談したいことができたときに、話を振るのはどっち？　と。

――それは前者ですよね（笑）。

## 気づくことはできるが、その先につなげるのが難しい

**鳥越**　「気づき」ってあるじゃないですか。気づくこと自体は案外誰でもできると思うん

ですけど、それを別のモノ、コトにつなげるのはなかなか意識していないとできません。「揚げの数字が厳しい」と言われたら、普通ですともう脊髄反射で「わかりました!」と油揚げのサンプルと見積もりを持ち込むわけですが、「何かにつなげることはできないか」と、ちゃんと脳で数字を集めて咀嚼して考える。そこで、これまでの経験とか、会った人の話とかを思い出して「あれ? これをやれば、こういうふうにつながる。じゃ、つないでみるか」という、〝つなげる機能〟を持てるかどうか。ここが大きいのかなと。

――ああ、それは編集の仕事をやっていてもよく思いますね。

**鳥越** それにはやっぱりやっている仕事が好きで、自分が熱を帯びている必要があるんですよね。そして、「こうやったら喜ばれたよ」という話が共有されると、「自分もちょっとやってみようかな」という人もだんだん増えてくる。

――熱が伝播していく。

**鳥越** そうですね。熱の伝播に邪魔になる要素、たとえば数字への責任を減らして、燃える要素だけを提供できるようにしていく。うちのやり方はそんな感じなんです。

――でも、伝播していくにせよ、元々の熱量が相当高くないと着火すらしないでしょう。そんな体温の高い集団をどうやったらつくれるんでしょうか?

[ この章のポイント ]

❶ 数字で縛らないことで、内部調整抜きで迅速に全体最適が図れる。

❷ ホワイトボード×スマホは簡便な情報共有インフラ。

❸ 気づきで止めず「何かにつなげられないか」と考える営業は強い。

# 第4章 「社員全員モチベーションが高い会社なんて、まああり得ません」

#「燃える集団」をつくりたいなら全員参加を前提にしてはいけない

**数字で管理しない組織を支えるのは、モチベーションの高さ。では、社員の気持ちを燃やしていくにはどうすれば?鳥越社長は「まず、燃える人を大事にすること」だと言う。**

——数字目標で社員を縛らない、だから全体最適で会社を動かせる、というお話を伺いました。ただ、「これは『何かを成し遂げたい!』という、強いモチベーションを持つ人を前提として、初めて成り立つやり方です」ともおっしゃいましたね(83ページ)。売り上げ・収益の責任から解放されたら、全体最適を考えるより「言われたことだけやる」社員も出てきそうです。

**鳥越**　はい。工場の陣形転換だって、「全体最適のためだ」と了解して動いてくれていますが、普通なら、ただただ「面倒だな」と思うだけでしょうね。誰だって、ルーチンをそのまま回すのが一番楽ですから。

――だから、全体最適のためには社員の方がモチベーション高く仕事をしていなければならない。そのために鳥越さんはどんなことをしているんでしょうか。

**鳥越**　どんなこと、といっても、うーん。

――何か繰り返し言っていることとか。

## 「ジオングに脚を付けるな！」

**鳥越**　月イチで「製販会議」というのがあるんです。会社の中核になっている、課長以上の社員を群馬の本社に集める全体会議で、いま、相模屋がやっていること、これからやろうとしていることを私から説明するんですけど、そこでよく同じことを言ってますね。あれです。「ジオング[※1]に脚を付けるな」って。

――「ジオング」。ガンダムの最終回直前に出てくるモビルスーツですか。完成前の、脚が付いていないまま出撃したジオン公国のモビルスーツですね。

**鳥越**　そうです。そして主人公が操縦する連邦軍最強のモビルスーツ「ガンダム」と戦って、相打ちに持ち込みました。「うちのやり方はあれだよ」と。

脚が付いていなくても、「ここだ」と思ったタイミングを逃さず出撃する。「未完」であることを恐れない。80％も目指していない。いまだと思ったら50％でも行くんだ、と言っています。ジオングは確か完成度80％でしたが、100％なんか最初から目指していない。

――考えてみると、もしジオングに脚が付くのを待っていたら、ガンダムと相打ちどころか、たぶん一年戦争そのものが終わっちゃってましたね。

**鳥越**　そう、脚が付いた完成形になるまで戦場に出さなかったら、乏しいリソースを割いて製造したであろうジオングに、何の意味もなくなるところでした。

準備が50％でも、早くスタートできることを優先するのは、80％まで準備してからやったって、うちみたいな中小企業では得られる結果はそれほど変わらないからです。大企業に比べたら、人も資金もないですから。だったらスピードを上げてやろうよ、そのほうが勝ち目が出てくるよ。そういう話をわかりやすく伝えるために「ジオングに脚を付けるな」って言っているんです。

**脚が付いていなくても、「ここだ」と思ったタイミングを逃さず出撃する。「未完」であることを恐れない。ジオング[※1]は確か完成度80%でしたが、80%も目指していない。いまだと思ったら50%でも行くんだ。**

―― わかりやすいのかな。社員の皆さん、ジオングって知っているんですか。

**鳥越** 私がガンダムを好きなことはもうみんな知っているし、この話はよく例に出すので「またジオングか」と（笑）。

―― 強引ですね（笑）。

## エンタメの名セリフは「考え方」を伝えるのに絶好

**鳥越** いや、ガンダムを知らなくても、そういう言い方のほうがみんな真意を分かってくれるんですよ。

―― ほんとですか。

**鳥越** ご存じの通り、私、ガンダムに限らずアニメやマンガが好きで、そしてその中に出てくる名セリフが大好きなんですけれど、エンタメって、人生や競争、決断の場面をすごくわかりやすく、伝わりやすく、しかもドラマチックに凝縮したものじゃないですか。おまけに目に見える、耳に聞こえる、疑似体験できる、という。

―― 目に見える。唐突なんですけど、うちの息子が小学校の先生になったんですね。彼から聞いた話なんですが、4年生になると、算数嫌いが急に増える。どうしてかというと、「目に見えない概念が出てくるから」だそうです。足し算なら黒板の磁石を数えればわかる。でも、分数とか、四捨五入とか、抽象度が上がるととたんに理解しにくくなる。

**鳥越**　そうでしょうね。なるほど。

――となると、アニメやマンガは、抽象度の高い「考え方」を理解してもらうために有効なのかもしれません。

**鳥越**　フォローありがとうございます（笑）。まあ、もちろん、一番の理由は「自分が好きだから」。人前であのセリフを言ってみたい！　使ってみたい！　というだけなんですけど、ね。

――で、「ジオングに脚を付けるな」ですけど、これって前に出てきた「黒字化で満足しちゃいけない」「売り上げは上がったけど利益率がまだまだ」みたいな、「できてないことを心配するのはやめようよ」という話とつながってますよね？

**鳥越**　はい、「もっとこうしたほうが」「こういうのもしなきゃいけないです」と言う人がいるということは、「未完成」ということですからね。だけど、「未完の状態、それが私たちの完成形だ」くらいでいいと思っています。完璧に、100%を目指すのは、余裕がある大企業さんがやることで。

## 経営者は「5割でいい」と一度言ってみよう

**鳥越**　物事の完成度を上げていく中で、70％から100％までの30％って、たいしておいしいところは残ってないと思います。なので50％まで一気に集中してがっとやって、そうですねえ、70％くらいまではその勢いで巡航速度で行って、あとはもうすぱっと切る。重箱の隅をつついて、「ここと、ここと、ここがまだ残っている」と言われても、「もうそんなのどうでもいいから次行こう」と（笑）。

――速度優先で割りきっちゃう。

**鳥越**　改善活動についても同じですね。「改善目標を100％達成して出せるだけ利益を出そう」という考え方もありますが、70％ぐらいで、うまみのある成果はほぼ取れている。80％、90％に押し上げるためにものすごく頑張るくらいなら、別の改善に手を付けたほうがいいんじゃない？　そんなふうに考えようよ、と。

――それが「ジオングに脚を付けるな」だと。

**鳥越**　で、「5割でいい」と思えると、けっこう何でも「やってみようかな」という気になりますし、実際、できちゃうものなんですよ。

――なるほど、確かにハードルが下がってやる気が出ますね。こういう感覚は雪印乳業にお勤めの時代からあったのでしょうか。

**鳥越**　いや、雪印時代はないですね。やっぱり大企業のサラリーマンですから。

――サラリーマンってそういう割りきった発想が苦手というか、なかなか思い切ってできないんですよね。

**鳥越**　だって数字で管理されがちですからね。「君、進捗悪いよ」とか言われちゃったら、やっぱりね。

――「いやいや、これって5割くらいでいいんですよ」と上司には言えない（笑）。

**鳥越**　経営者という、自分で「5割でいい」と言える立場になって、初めて目覚めたものかもしれないですね。効果抜群なので経営者の方は一度、社内に「ジオングに脚を付けるな＝5割で十分だ」と言ってみてはいかがでしょう。

――部下の立場からは大歓迎です、ぜひぜひ。

**鳥越**　あとはあれをよく言ってますね。ランバ・ラル[※2]の戦い方だよと。

――「もともとゲリラ屋の私の戦法でいこう」ですか?

## 鳥越社長のヒーロー、ランバ・ラル

**鳥越** それです(笑)。提供が約束されていた新型モビルスーツが、ジオン内部の政略の影響で届かなかったときのセリフで。ランバ・ラルはモビルスーツの名パイロットですが、彼の本領は生身のゲリラ戦にあるわけです。いわば、弱者の戦いに長(た)けている。

――あ、目が輝いてきた。

**鳥越** だって、ジオンがあれだけ戦力を費やしても落とせなかったホワイトベース(連邦軍の強襲揚陸艦、ガンダムの母艦)の中まで攻め込んだのは、モビルスーツを使わず白兵戦で挑んだランバ・ラル隊だけですよ。

――言われてみればそうでした。

**鳥越** 「モビルスーツを失ったランバ・ラル隊はもう仕掛けてこないだろう」という、ホワイトベース側の油断を見事に突いて、第2ブリッジを占拠するところまでいった。あれです。やっぱりうちがやるべきは、あの弱者の戦い。

あとはあれをよく言ってますね。「もともとゲリラ屋の私の戦法でいこう」ランバ・ラル[※2]の戦い方だよと。彼の本領は生身のゲリラ戦にあるわけです。いわば、弱者の戦いに長けている。

そして弱者の戦いとは何か。答えは局地戦です。時間、場所を限定して、知恵と工夫と限られた戦力の総動員で勝つ。

――いや、でも、御社は日本一の豆腐メーカーですよね？

**鳥越** 業界の中では大きいですし、なんだかんだと新しいこともやっています。だけど、食品業界の一流企業さんと比べれば、しょせんは小さい企業です。あれもこれも、リソースが足りていない。

――ですか。

**鳥越** 社員の数が多いわけでもないし、東大出のエリートさんがたくさん入社してくれる企業でもない。生産設備も整えてはいますが、大手の食品会社さんの比じゃないし、商品開発の技術力も知れています。

――だから完璧を期さずに「5割」で見切るんですね。

**鳥越** そうです。「ジオングに脚を付けるな」で、早め早めに攻めて、早め早めで見切る。何らかの課題に挑む際も同じです。戦力は限られているから、素早く、そして集中させないと勝てない。場所、目的を限り、ほかは全部捨てるくらいに集中することで、「ある時、ある場所」に限れば、我々でも最強になれるんですね。逆に、完璧にやろうとしたり、

「あれも、これも」と総力戦でやると負けちゃう。豆腐メーカーが相手ならわかりませんけれども、大手さんと正面から戦うのは避けたい。

そういう前提で戦うんだよ、ということで、「我々はランバ・ラルのようなゲリラ屋だ」とよく言うわけです。とにかく局地戦に持ち込め、そうしないと勝てないぞ、って。

――なるほど。局地戦というのは実際のビジネスで言うとどういうことになるんですか。局地戦に持ち込めないことって、ないんでしょうか。

## 大きな課題は「局地戦の連続」と考えればいい

**鳥越** たとえば企業再建ですと、「製造も営業も内部管理もぜんぶガタガタだ」という場合もあって。

――満身創痍になっている。局地戦どころか総力戦になりそう。

**鳥越** 後で聞いたら、行った先の社員の人たちも「このぐちゃぐちゃの会社をどうするつもりなんだろう」と言っていたらしいです。なんですけれども、これをなんとか局地戦に持ち込む。やらなきゃならない山積みのことに優先順位を付けて、各個撃破していく。順序さえ付ければ、全部、局地戦じゃないですか。

――優先度の低いものは後回し、そして対策も、5割できたら次に行くわけですね。

## 常に「目の前の1枚」だけを片付ける

**鳥越** そうそう。全部一度に掛かろうとか、完璧にやろうとしたら、戦力の少ない我々はその瞬間に負けが確定しちゃうので、一点集中の連続展開、という感じで。私のきれいな字のホワイトボードをお見せしましたけど（36ページ）、あれもその一例で、毎夕、いまやるべき課題「だけ」を書いたんですよ。学習ドリルって一枚一枚やっつけていくと、けっこうな量がいつの間にか終わっているじゃないですか。「これを全部やれ」とまとめた紙を出されたら、子どもは逃げ出しますよね。

――でも目の前の1枚だけなら、なんとかなるかなと思うわけか。

**鳥越** この話は製販会議の中でもしました。この会社の再建プロジェクトはこんなふうに進んだんだよ、何でうまくいったのかといえば、それは局地戦だよね。戦力が足りない我々は、一点突破の連続展開だよね、と、実例を絡めて話をしていくと、ああ、うちの社長の口癖はこういう意味なんだな、と、だんだんわかってくれるようになります。そうすると、一言「ランバ・ラル」と言ったら、はいはい、戦力が少ない我々はゲリラ戦ね、重み付けして優先度の高いところに集中して一点突破ね。なら今回はこうだな、ああだな、というふうに。

――考え方のクセがついてくる。

**鳥越** そんな感じです。あと大事なのは、成功しても5割ですが、もしうまくいかなかったら、ためらわずすぐ撤退する。再建に入った会社からは退きませんが。

――ほうほう。

**鳥越** ゲリラ戦は体力勝負に持ち込まれたらおしまいです。傷が深くならないうちにさっさとやめて、その戦力を別のところで使うほうがいい。

――理屈はわかるんですが、なかなか諦めがつかないもんじゃないですか？

**鳥越** 戦わずに後方にいるとそうなります。なので「風を感じ、潮目を読み」です。ゲリラ戦をやるなら、指揮官は前線に立つことがどうしても必要なんだよと。あれですよ、ランバ・ラルのあの名セリフ。

――あれですね、どうぞ。

**鳥越**　「この風、この肌触りこそ戦争よ」という。製造のトップは工場に、営業のトップは商談に。うちの人間はみんな前線に立ってますので、会社にいるだけの人は、事務処理を除けばほぼいません。ずっと机の前にいる人がメッセンジャーで指示していたら、現場も「うーん、思い付きで気楽に言いやがって」となりますけど。

――なるなる。

## 同じ風を感じているから動きが速い

**鳥越**　自分も含めて、社員が常に前線に立っていれば、方向転換に必要な情報がすぐ上がってきて、しかも私も同じ状況を見ていますので「なるほど、確かに」とすぐ決断できて、方向転換も速い。私が「ごめん、ごめん、ちょっと違うわ。みんな左に行くのをやめて右に行って」と言えば、全員で同じ風を感じていますから、言った瞬間に「だよね」と動いてくれる。

――しかも皆さん、相模屋のやり方をインストールしているし、数字で縛られないから。

**鳥越**　そう、切り替えが早い。

――まとめると、相模屋のリソースでは準備万端の全面戦争や持久戦は難しい。だからとにかく迅速に行動して、勝てるところに集中する。そのためには判断の材料を共有して、基準もわかりやすく。完全勝利、完璧な実行はハナから目指さない。やばくなったら即撤退。

**鳥越** もう一つ、ランバ・ラルの好きなところを言っていいですか。

――どうぞ。

**鳥越** 彼は、「勝てるところだけ勝つ」男で、そのためには効率は実は気にしないんですよ。

――ゲリラ戦は兵力が少ないから効率を意識してそうな気がしますけど。

**鳥越** 確かにそう見えますね。会社で言えば、大企業が100の資源を使ってやるところを、10でやってのけて、しかも、大企業以上の成果を上げる。自分自身もそういう戦い方こそが、やりたいことなんです。

でもこれ、効率がいいっちゃいいんですが、「勝つ」こと、「勝てる」ことを最優先して考え抜いた結果、という見方もできますよね。ランバ・ラルの思考は「どうすれば勝てるか」であって「効率の良さ」はその結果なんです。効率自体が目的じゃないはずなんです。

——わかるような、ちょっとわかりにくいような。

**鳥越** 彼がホワイトベースに生身の部隊で戦いを挑んだのは、そこに勝機を見たからでしたよね。「モビルスーツを動かすより人間のほうがコストがかからない」からではなく。

——確かに、それはそうですね。

## ガンダムに勝てなくても、人間相手なら勝てる

**鳥越** 手持ちのモビルスーツはザク1機を残して全滅し、補給も来ない。でも、モビルスーツがなければ戦えないのか。現在の戦力ではガンダムは倒せないかもしれない。でも、ガンダムの母艦、ホワイトベースを落とす手はないのか。モビルスーツ同士の戦いになればガンダムは強いけれど、人間相手の兵器ではない。だったら人間同士の白兵戦に持ち込んで、ホワイトベースを制圧することは可能かもしれない。人手が足りない様子で、少年兵まで乗せていたし。そこで「ジェットパックを背負った一団で艦内に飛び込んで白兵戦だ。艦内に入ってしまえばガンダムも自分の母艦を攻撃できないだろう」と考えた。効率じゃなく「勝てる」、だからやる。思考と、ど根性の合わせ技です。そこがいい。

――ホワイトベースの艦内が子どもだらけだと、ラルの部下が驚く描写がありました。乗員の戦闘力は明らかに不足していて、あんな出来事[※3]がなければ、サブブリッジだけでなくホワイトベースの制圧に成功したかもしれません。そして帰還する母艦がなければ、無敵のガンダムも立ち枯れてしまう。うわ、惜しいところまでいったんだなあ。

**鳥越** そうなんですよ。モビルスーツにはモビルスーツで戦う、という思い込みが、連邦軍にもジオン軍にも強過ぎたわけです。だから母艦を直接攻める案が出なかった。

――メタな話をしてしまえば、ロボットアニメの主人公側が、生身の敵に追い込まれるなんて展開も、視聴者は普通考えませんよね。すごい話だ。

**鳥越** やってみせれば「当たり前」でも、最初にやるには「どうやったら勝てる?」を、これまでのパターンを横に置いて考えないといけない。あの話はそこが、いや、そこ「も」いいんですよね。これはぜひ我々も見習うべきだと思って「俺たちはゲリラ屋なんだよ」「これまでやってないことを恐れずにやれよ」と、呆れられてもしつこく言っています(笑)。

――あ、あ、ちょっと待ってください。つながってきました。ここまでのお話は、「相模屋がどうやったら勝てるか」を考えるための道具として、「全体最適」とか「未完で0

K」とか「勝てるところで勝つ、ダメならすぐ引く」などの原理原則がある、ってことですよね。

**鳥越** そうですね。そういうことだと思います。

——月に1回、製販会議をやっているのは、状況共有ももちろんですが、社員さんにそれを頭に入れてもらうため、ってことですか。話にガンダムのネタを押し込むのは、原理原則をエンタメの力を借りてインストールしやすくするため、そういうことですか?

**鳥越** そんなふうに整理したことはなかったな……。ガンダムネタは、いや、やっぱり、ただ好きだから言ってみたいだけですね(笑)。

——こうなると製販会議を見学してみたくなりますね。お願いできますでしょうか。

**鳥越** え? ちょっと恥ずかしい(笑)。土曜日の朝8時から群馬ですが、来られます?

——行きます行きます。

## 会議は会社員にとって一番苦痛な時間

——(見学後の取材で)いやいや、面白かったです。「ポケットの中の戦争」※4とか、本当にファンなら「あ」と思う言葉がプレゼンの中に突っ込まれているんですね。

**鳥越** 正直、ちょっと無理やり当てはめているところもなくはないんですけど（笑）。

―― これは、社員の方の年齢とかを意識して作品を選んで引用しているんでしょうか。原作を知らない人には、まるでわからないこともありそうですよね。

**鳥越** （即答で）いえ、意識してないです。自分がグッときた言葉を使っているだけです。でも、名作の言葉って、みんなどこかで見たり聞いたりしたことがあるみたいですね。わかりやすい、伝わりやすい言葉だから、世代を超えて残っているんじゃないでしょうか。

―― 確かに。

**鳥越** それに、初めて聞いても「ああ、また、社長のアレだな」とだいたいわかってくれるので（笑）。

―― 「どういう意味なんだろう、原作読んでみようかな」と思ったりして（笑）。

**鳥越** それにやっぱり会議って、会社員にとって一番苦痛な時間じゃないですか。

―― 正直、そうですよね。

**鳥越** でも呼ぶからには、参加した人に面白がってほしいですよね。

―― それであいう、妙に挑発的というか、面白いスライドが次々と（笑）。ただ、「みんなに意見を言わせて、熱くディスカッション」みたいな場面はなかったのがちょっと意外でした。鳥越さんがときどき指名はしてましたけれど、基本的に参加者は、プレゼンする人以外は話を聞くだけで。

**鳥越** ディスカッションの参加者って、本音では、意見を言いたくない人がほとんどじゃないですか？

――それは正直そうかもしれない。

**鳥越** 海外は知りませんけれど、日本人はそうなんじゃないかと。そういう人たちが参加したいと思える会議とはどういうものなのか、考えて考えて行き着いたところがこのやり方でした。いまでこそ寝ている人はいませんけれど、最初の頃はやっぱり話がつまらなかったし、朝も早いし、けっこうな人数がぐーぐーと（笑）。これで148回だから、12年前からやっているわけですよね、毎月。だいぶマシにはなったかな。

## 「ちょっと知っておいてね」くらいの気持ちでやってます

――聞いていて思いましたが、製販会議の鳥越さんのプレゼンは、ゲームのインスト

（ルール説明）っぽいんですよね。現状をどう見るかという「世界観」がまずあって、「プレイヤー（相模屋）の現状」と「これからやるミッション、その目的」、いわば「今回のストーリー」がある。そしてプレイするキャラクターがなにをすればいいのかの「ディテール」でダメ押し。で「ほら、面白いだろ？　プレイしてみたくなるだろ？」と。

**鳥越**　言いたいことをシンプルに、イメージとして捉えやすくするのは心がけてますね。製販会議の出席者は、自分たちの部下に会議の内容を説明する立場ですから、できれば彼ら彼女らが自分から部下に「ちょっとちょっと」と話したくなるような、「うちの会社ってこんなことをやっていて、こういうのを目指すんだぜ」と言いたくなるような内容と構成につくり込んでいます。

――そのために、当日朝まで徹夜でパワポのシートをつくっていると。

**鳥越**　はい（笑）。ただしですね……。

――なんでしょうか。

**鳥越**　製販会議でのプレゼンの目的は、「この内容をみんなにちゃんと理解させたい、そして浸透させたい」というよりは、「私、鳥越淳司はこういうことを考えて、私も一員となり、そして私が責任を取って、実行していきます。みんな知っておいてね」という程度にしたい、と思っているんですね。

――えっ、意外。社員さんに自分のプレゼンを完コピしてもらって「鳥越クローン」をつくりたい、とか思わないんですか。

**鳥越** いやいや、社員みんなが「これこれをやらなきゃいけないんだ」と気負って責任を感じると、そこから「あれができてない、これができてない」が始まるんです。

もちろん、自分の考えを理解してほしいし、浸透するといいな、と思ってはいますよ。でも、なかなかそこまで行かないですよ。そして、うちの社員さんたちはものすごく頑張ってはいますけれども、いわゆるエリートではないんですね。目的や責任で縛るよりも「わくわくする」「自分の力が活かせる」ことで、やる気になってもらうほうがずっといい。

――そうか。これまた「できないこと」より「できること」ですね。

**鳥越** 「できないこと探し」が始まると、組織の元気がとたんになくなりますからね。

## 「燃える集団」に入りたくない人もいるでしょう?

**鳥越** まあ、ロジカルに説明しろといわれたらこういう話になりますが、本音を言えば、グループのみんなが「燃える集団」になってくれるなら、細かい理屈や能書きはどうでもいい、と(笑)。

――燃える集団。数字で縛る必要がない、モチベーションの高い人の集まりですね。

**鳥越** 「相模屋は、Tofuで世界を救う。Plant Based Food(プラント・ベースト・フード)で人類の食糧危機回避に貢献する」と、私、国連でスピーチしてきたんですね(2019年6月6日)。小泉進次郎さんより大きい会場でやったのが自慢です(笑)。こういう理想も私は本気で信じてますし、日本各地にあるおとうふの文化を守っていく、そのために独自の技術を持つおとうふ屋さんを救済M&Aでグループに入れて再建する、というのも本気です。新製品で「あっ」と言ってもらうのもすごく大きな喜びです。

――鳥越さんには仕事に対して、「燃える」理由がいろいろあると。

**鳥越** はい、もし社員に、このどれか1つでも共有してもらえたら素晴らしいですし、あるいは私のプレゼンを通して「弱小の我々が、ゲリラ戦で勝っていくのがアニメやゲームみたいで面白い」と思ってくれたらそれはそれでとてもうれしい。

「面白い、やろう」と思ってくれる人を増やす工夫は惜しまない。それが、相模屋にモチベーションの高い社員が多い、私に言わせれば「燃える集団」になっている理由なんじゃないかな、と思いますね。

――そこでイヤなこと聞いちゃいますが、その「ノリ」が苦手な人もきっといますよね。仕事はしょせん、時間と能力の売り渡しだろうと。決められたこと、指示されたことを淡々と、できるだけ短時間でこなしていきたい人もいるじゃないですか。

**鳥越** そうですね。

――コロナ禍のときに鳥越さんは「相模屋はトップメーカーとしておとうふを供給する責任がある」と言ったそうですけれど、「そんな契約書があるわけじゃないし、つくれないものはつくれない、と言えばいいじゃないですか」という意見が出てもおかしくはない。

**鳥越** うわ、やだな（笑）。でも、規模が大きくなるとそういう人も出てくるでしょうね。

――不真面目とは違うけれど、燃費優先であまりアクセルを踏まない、みたいな感じの人は、どういうふうにしたら「燃える社員」になってくれるんですか？

## 燃えたくない人を燃やすより、燃えている人をもっと燃やす

**鳥越** まず、これはきつい言い方かもしれませんけど、そういう人たちは、まずは傍観し

て見ていてくれればいい、と思っています。コンサートでも、スタンディングで踊り出す人もいれば、じっと座っている人もいるだろう、と。

―― そうかもしれません。では、傍観している人に対して鳥越さんはどうするのか。

**鳥越** はい、答えは、全員に「燃える」価値観を共有してもらおうとはしない、ということですね。

―― ん？ え？ 諦めちゃうんですか。燃やす工夫を聞きたいんですけど。

**鳥越** あえて、社員全員に「みんな、盛り上がろうぜ！」と仕掛けるようなことはしません。「全員が一つになる」というのは、言葉としては美しいけれど、現実にはまずできないじゃないですか。

―― 「ONEなんとか」っていうスローガンは「実は一つじゃありません」という意味ですよね。うーん、確かに。

**鳥越** そして何でもそうですけれども、人数が少なければ少ないほど団結力も強くなるし、レベルも上がるじゃないですか。

それを「みんなで頑張ろう、一人も残しちゃいけない」とやった瞬間に、基準を「頑張らない人」に合わせなきゃいけない。つまり、頑張っている人に報いるより、頑張らない、頑張りたくない人たちの気持ちをいかに上げるかに重点がいく。もちろん、それも大事なんですけれども、そこまでの余裕は、ここまで申し上げてきた通り、中小企業の我々にはないんです。

――そこで「できることしかやらない」としたら。

**鳥越** そう、燃えていない人を燃やすよりも、いま頑張っている人たちにさらに燃えてもらって、がーっと上げる。うちは、うまくやっている人には、どんどん〝調子に乗って〟もらいます。

――うまくいっていると「調子に乗るなよ」「あれこれができていないぞ」と突っ込みが入るのが、会社あるあるですが。

**鳥越** 私がそれをやられたらすぐ死んじゃいますね（笑）。

## 調子に乗っている人は、周囲も調子に乗せていく

――できない部分を指摘するよりできたことを褒めるほうがいい、という理由は。

**鳥越** だって、調子に乗っている人がいると全体が調子よくなってくるじゃないですか。

「2－6－2の法則[※5]」とかいわれますけれど、上の「2」がうまくいっていれば、「6」はその様子が気になって、うまくいく方向を向いてくるものですよ。そして上の「2」の人を褒めれば、「6」をフォローしたり、引っ張ったりする気持ちになってくれるでしょう？

燃える気になれなくて辞める人を説得するのも大事ですが、その時間を、頑張っている人にもっと頑張ってもらえるように、「あなたすごいじゃん」と言う時間をつくるほうが、組織にとってはよりいいんじゃないでしょうか。

――なるほど……。

**鳥越** なんだか冷たく聞こえるでしょうか。「辞めるの？　はい、どうぞ」と言っているわけではないんですよ。いわゆるマインドシェアをどっちに置くのかというと、頑張っている人、やるぞと言っている人にうちは時間を、いや、何もかも割きます、頑張りたくない人は見ていてください、という。そして、燃えるぞ、頑張るぞチームに入るんだったらいつでも大歓迎です。ただ、それまでのような楽な仕事はできなくなります、きついですよ、と。

――燃えるぞ、頑張るぞチームというのは、具体的にはさっきの製販会議に出ている人たち、ということでしょうか。

**鳥越**　ほぼそうなりますね。あの会議は課長以上に参加する「権利」があるんですけれど、強制ではないんです。参加したい人は参加してくださいと。まあ、そう言うと全員来るんですけれど（笑）。でも、リポートを必ず出してもらいますので。

——何を書けばいいんですか。

## 「製販会議に出たら、見える世界が変わった」

**鳥越**　私が言ったことを書け、じゃなくて、話を聞いて自分はこう思った、ああ思ったというのを自由に書きなさいと。定型文はいらないし、そんなつまらないことを書いたり、あるいはリポートを出さなかったら、次からは参加権はないです（笑）。

——鳥越さんは返信するんですか。

**鳥越**　返信を送るのは、きっちり考えてるな、いいね、という人だけですね。そうすると、参加したい人が、次は返信をもらいたい、とだんだん盛り上がってくれる。

——参加する人にもめちゃめちゃ大事な会議だったんですね。

**鳥越** なので私も準備には気合を入れて、時間をかけてやっているんですよね。50人くらいが参加しているんでしたっけ。全社員が900人だからかなりの厳選で。

**鳥越** 階層を増やしたくないので、うちの役職は下から主任、課長、工場長と部長だけなんです。主任から課長に上がったあとで面談するんですけど、「製販会議に出させてもらってびっくりした」と言われますね。「これだけの情報量に触れたのは初めてで、こういうことをやっている会社にいたんだというのを初めて知った。すごく驚いたしわくわくする、課長になって本当によかったと思います」とか。

―― 鳥越さんはどう返すんですか。

**鳥越** 「情報も出すし、何をしても基本的に自由なんだけれど、それに付随して責任も発生するよ。その責任に堪えられなくなったらいつでも言ってくれ」と話しますかね。

―― 数字では縛らない相模屋が、ここで求める「責任」とは何でしょうか。

**鳥越** 製販会議を通して、我々はどんな使命のため、どんなことをやっていこうとしているかを知ってもらうわけです。

もしそれが重圧として感じられるならいつでも言ってほしい。面白い仕事として捉えてくれるなら、思いきり燃えてくれ。そういうことですね。

## ガンダムに乗らない主人公がいてもいいと思う

――わかりました。そうなると、課長さん以上の人はあれですか、全員、攻めだるまみたいな、「俺が、俺が」という方ばっかりになるんですか。みんながみんな突っ走りたいと思っちゃうと、さすがにあっちこっちで齟齬が生じたりしませんか。

**鳥越** 燃える、というとそういうイメージになりますよね（笑）。でも、たぶんどんな組織でもそうだと思いますが、少なくともうちにいる社員は、別に英雄になりたいわけじゃない。燃えている人がみんな、ヒット商品の開発者になりたいとか、あの大手の取引先は俺が開拓したんだと言いたい、再建を支えたのは自分だ、とか、「俺が」と言いたい人たちばかりじゃないんですよ。

ガンダムで言えば、みんながアムロに、シャアになろう、じゃなくていいと思うんです。マーカー、オスカーら脇役の人たち、もしくは名前すらない人たちでも、みんなで協力して戦争を生き抜いたように、自分は目立たなくても全然いい。面白そうなプロジェクトに入って一翼を担っているのが嬉しいし、誇りだ、という人のほうが多いです。なので、船頭は多くならないです。「行くぞーっ」と、先頭の人が走り出したら、よし、こっちも行

みんながアムロに、シャアになろう、
じゃなくていいと思うんです。
マーカー、オスカーら脇役の人たち、
名前すらない人たちでも、
みんなで協力して戦争を生き抜いた。

くぞ、と伴走していく。それが実態ですね。

――ガンダムならジョブ・ジョン[※6]が主役の作品もあっていい。そんな感じなのかな。「俺は一年戦争で、ガンタンクをたまに操縦していたんだよ、生き残ることに必死だったよ」と、一生の記憶にして。

**鳥越**　燃える集団、って言いましたけど、「燃える」という言葉も、いまの時代では汗臭いというか、ちょっとかっこ悪いと思われがちだと思うんです。だけど、面白さ、魅力もあるんじゃないかと思いますね。そして、イマドキ風な見た目でクールな雰囲気だけど、実は中身はものすごく熱い人もいるんですよ。「宇宙兄弟」の吾妻[※7]みたいな。

――つっけんどんで感情の起伏がなさそうだけど、実は情にも熱い宇宙飛行士ですね。

**鳥越**　だけど人に簡単には寄り添わない、心の内は見せない、という。吾妻というキャラクターを知って気づいたんですけど、そもそもうちのメンバーって、もともとはちょっと斜に構える人も多かったんです。

――え、そうなんですか。

**鳥越**　「俺なんかがやっても」とか、あるいは「自分、バカで何もできないし」と卑下するとか。まあ、自分でそういうふうに思っている人は世の中にもたぶん多い。周りが「おーっ」と盛り上がっていても、「俺には関係ねえや」と。

――クールに構えて。

**鳥越** なんですけど、その人が燃えているか、燃えていないのかって表面だけじゃわからない。コンサートでぶすっと座り込んでいる人が、内心ノリノリかもしれないですよね。

――なるほど。

## 寂しがり屋さん、いきなり点火する

**鳥越** いや実際「関係ねえや」という雰囲気を醸し出していた人が、いま、燃えている集団の真ん中に自分が入っているんだ、と自覚した瞬間に、いきなりうわーっと元気よく動き出して、「え、お前……（笑）」みたいなことって、あるんですよ。

――さっきまでとキャラ違うじゃん、みたいな（笑）。

**鳥越** その発火を生む導火線になるのが「昭和の空気」「昭和の雰囲気」のベタさじゃないかと。平成になっても、令和になっても、火の付け方は実は変わらなくて。ワンパターンな「水戸黄門」って、ちょっと苦笑しつつもみんな大好きじゃないですか。やっぱりハマるパターンの王道ということじゃないですかね。普段そこまで考えてやっているわけじゃないですけれども。

――王道の下にあるのはなんでしょう。

**鳥越** 人間って、どこかでやっぱり寂しがり屋なんだと思うんですよ。盛り上がっている人を見ると、心の底では「いいなあ」と思っているんじゃないでしょうか。

――そうかもしれない。声かけてくれないかなあ、とか思っていたりする。

## 「実はそういうの、一度やってみたかったんです」

**鳥越** うちは子会社の黒字化とか、債務超過解消とか、自社ならヒット商品や年始の朝礼とか、お祝いの会をやるたびに、必ず「相模屋、ナンバーワン!」って、みんなで円陣を組んで絶対やるんです。30人だろうが50人だろうが何だろうが一緒になって(笑)。

――うわ、とっても昭和ですね(笑)。

**鳥越** そういうのって、ばかばかしいなと思いますよね。いや、確かにその通りで。

――嫌がる人はすごい嫌がりそうですよね。

**鳥越** グループ会社でもやるんです。京都タンパクは「京タン、ナンバーワン」なんですけど。そこで活躍していた社員の人が「すみません、実は一度やってみたかったので、一緒にやらせてください」と言って輪に入ってきたことがありました。いつもはそういうことに加わらなかったので、あれ、君ってそんなタイプだったっけという(笑)。

――照れくさい、恥ずかしい、かっこ悪いみたいなところがありますよね。

**鳥越** はい、でも、一緒にやっていれば、やっぱり盛り上がらない人って実はいないんじゃないかなと。これもある意味同調圧力なのかもしれませんが、楽しそうにやっていると、境界線の向こうから、一人、二人、と、燃える側に入ってきてもらえるんじゃないかと。

――なるほど。そっちのが楽しそうだな、と。

**鳥越** 究極的には、やっぱり成功したときにみんなで喜び合える人だけが残ってほしいなと思いますね。京都タンパクの黒字化の祝勝会には、社員がだいたい100人ぐらいなんですけど、90人以上が来てくれました。普通、会社行事にそんな来ないですよね。しかも黒字化なんて、一般の社員の人からするとあまり関係ないじゃないですか。でも、「同じ船に乗っている」気持ちを持ってもらえたから参加してくれたんだと思ってます。あれは本当にうれしかったですね。

［ この章のポイント ］

❶組織の熱量を上げるには「全員参加、全員一致」を目指さないこと。

❷少数の燃える人の足を引っ張らず、褒めて優遇して調子に乗せる。

❸中心の熱量が上がってくれば、周辺部の温度もじわじわ上がってくる。

## 気になる人向け補足説明

※1 ジオングは「機動戦士ガンダム」の最終回直前、第42話「宇宙要塞ア・バオア・クー」から登場するジオン軍の大型モビルスーツ。本文の通り開発・製造が間に合わず脚部がない状態で戦場に出る。パイロットのシャア・アズナブルと整備の兵士との「脚は付いていない」「あんなの飾りです、偉い人にはそれがわからんのですよ！」というやりとりはガンダム好きの定番。「ジオングに脚を付けるな」という言葉は鳥越社長の創作だが、脚を〝付けてしまった〟、通称「パーフェクトジオング」が別作品で登場している。

※2 ランバ・ラルはガンダムの登場人物きっての人気者。階級は大尉、年齢は35歳。優秀な中間管理職にして現場でも強く、部下に愛される人間味と良識も持つ。が、ジオン公国内の政争の影響で、組織内では日の当たらない立場に置かれており、なにかと冷遇を受けている。ネガティブな状況を自らの能力、経験、部下との信頼関係で乗り切っていくところが会社員にはたまらない。

※3 「あんな出来事」とは何か。「機動戦士ガンダム第20話『死闘！ホワイト・ベース』」でぜひ。

※4 「機動戦士ガンダム0080 ポケットの中の戦争」は1989年に発売された全6話のオリジナルビデオアニメ（OVA）。本編に比して「局地戦」を描いた作品と言える。

※5 集団の種類を問わず、ハイパフォーマーが2割、標準的な人が6割、パフォーマンスが悪い人が2割いる、という経験則。下の2割を排除すると、残りが同じ比率で2-6-2になる、つまり新たなローパフォーマーが出てくるとされる。「働きアリの法則」とも呼ばれる。

※6 ジョブ・ジョンは機動戦士ガンダムに登場した金髪の青年。サブパイロットなども務める。オスカー、マーカーはホワイトベースのブリッジに詰めるオペレーター。ほかにも名前のある脇役が何人もいる。

※7 吾妻滝生はマンガ「宇宙兄弟」（小山宙哉作）に登場するJAXA所属の宇宙飛行士。

第5章

# 「数字で説明できることで差別化するのは難しい」

# やりたいことは「均一な味」かそれとも「おいしい」と言わせる味か？

**豆腐でウニ、豆腐でカルビ、さらにはフォアグラ、大トロまでも。大手企業やグループ会社と組んで、独自の商品開発を進める一方で「ひとり鍋」シリーズなどで手堅いヒットも連発する幅の広さ。その根底には「おいしさ」のためなら「ブレ」を許容する考え方があった。**

**鳥越**　いきなりですけど、これを見てください。

――ふむ、うまそうなウニの軍艦巻きですね。

**鳥越**　こちらは「うにのようなビヨンドとうふ」（2022年3月発売）を軍艦巻きにしたものです。この商品、いま絶好調でして。

――「ビヨンドとうふ」って、最初、「ナチュラルとうふ」って言ってませんでしたっけ？

「うにのようなビヨンドとうふ」でつくった軍艦巻き。「わさびとちょっぴりのお醤油」で味わうのがお勧めとのこと。崩してパスタなどの調味料として使うこともできる

**鳥越**　ああ、「F1層（20〜34歳女性）狙いで開発した初めてのおとうふです」と宣言して発売した「マスカルポーネのようなナチュラルとうふ」（14年8月発売）のことですね。若い女性向けのファッションショーを使って大々的に宣伝しました。

――「ザクとうふ」の次はファッションショーか、と当時びっくりしました。

**鳥越**　「マスカルポーネのような……」は、現在はビヨンドとうふシリーズの一つとして継続販売しています。ビヨンドとうふは、豆乳100%のコクのあるクリームを使ってつくる、おとうふの新しい可能性を切り開く商品群です。食べ物

のおいしさって詰まるところ、油じゃないですか。その油のうまみ、コクを、豆乳ならば植物性の大豆由来で提供できる。じゃあ、うちがそれをおとうふでやりましょう、と。

――それで、ウニですか。

**鳥越**　「カルビのようなビヨンド油あげ」（23年3月）、「肉肉しいがんも～INNOCENT MEAT」（21年9月）や、チーズみたいなおとうふ（「BEYOND TOFU BAR」「BEYOND TOFU ピザ・シュレッド」など）もあります。おかげさまでこうした商品、我々の分類で「新カテゴリー」のものが、うちの売り上げの3分の1までになっています。

木綿、絹、油揚げ、厚揚げなどの既存のおとうふもどんどん広がっていますし、新しいカテゴリーのおとうふもどんどん広がるということは、それだけポテンシャルが、実はおとうふにはあるのかなと。

――ポテンシャルがあるなら、そのわりに競合相手が出てこないというのはなぜなんでしょう。

**鳥越**　はい。たとえば、我々がやっているビヨンドとうふのように、おとうふに味を付けるって簡単そうで簡単じゃないんですね。

――そうなんですか？

## 「癖になる味」をつくる技術が集まってきた

**鳥越** 最高の食材と最高の厨房をもってしても、料理人がダメだったらおいしいものはできないのと一緒で、最高の豆乳、大豆と、最高のだしがあったとしても、それを融合させるノウハウがなければできません。うちは枝豆風味のザクとうふから始まって11年もやっていますし、グループに入った会社が持っていたすごい技術を使わせてもらえるようになったので、豆乳への味の載せ方、絡ませ方が、いまやちょっとした資産になってきました。

――へえ……。

**鳥越** 「(豆腐では)差別化はできないから、大きな工場をつくってコストダウンして価格で勝つ」。この業界は何十年もそうやってきたので、いざ「新しいおとうふを」といっても難しい、ということもあります。うにのようなビヨンドとうふも、おそらくうちが〝ウニ風味の豆腐〟を出していたら、他社さんも類似品を出してきたと思うんですね。ですけど、これは〝おとうふでつくったウニ〟なんです。「うわ、ウニじゃん」と皆さんに言っていただける。どうやればこうなるのか、想像が付かないと思います。

――豆腐にウニの風味が載ったものじゃなくて、豆腐そのものがウニ……。私にも想像が付きません。どういうところから思いついたんですか。

**鳥越**　豆乳クリームをご提供いただいている不二製油[※1]さんの元社長の清水（洋史）さんから、「豆腐ってシンプルな味だから何にでも合うけど、癖になる味はないよね。だから、また食べたいなあと思うことが少ないよね」と言われたのがきっかけです。「癖になる味って何ですか」と言ったら、「日本人というか、アジアの人にとっては、魚介の味だな」と。なるほど、じゃあ、ウニいきますと（笑）。

――魚介類の癖のある風味、といえばウニでしょうと。またいきなりな。

**鳥越**　はい。開発チームからは「また、そういうのですか？」みたいな反応を。でも、「どうせ何を言ってもやることになるんだから、楽しんでやろう」みたいな感じでやってくれてます。

――まあ、ザクを豆腐にしようとする社長さんですからね（笑）。そういう意味では、やはりザクとうふが原点なのか。現時点から振り返ると、ザクとうふにはどういう意味があったと思いますか？

**鳥越**　うちにとっても、たぶん業界にとっても、おとうふの市場の常識の大きな転機だったんじゃないかな。それまでは「新しいことをやる」というのが許されなかった市場、業界だったのが「あれ？　あんなことをおとうふでやってもいいのか」と。

——そうですね。ビヨンドとうふは、ザクとうふの大ヒットで、やってもいいどころか「何でもあり」になってしまった。

**鳥越**　そうですね。ザクとうふがなければナチュラルとうふもビヨンドとうふも、たぶん誕生しなかった。もし、うにのようなビヨンドとうふを、ザクとうふが出た当時に出したとしたら絶対ヒットしませんよ。

## 油揚げは日本の食事の「肉」だった

——木綿と絹の中に、いきなりこれがあってもダメですか。

**鳥越**　ダメですね、違和感が強過ぎて。でも、おとうふへの先入観をザクとうふが壊したおかげで、「そういうのもあるのか」と受け入れていただけるんだと思います。そして新作の、カルビのようなビヨンド油あげ（23年3月発売）。

―― 油揚げでカルビ、って。

**鳥越** カルビの偽物をつくろうというんじゃないですよ。うちのこだわりってこれなんですね。「ビヨンド」とうふ、「ビヨンド」油あげであって、イミテーションじゃないんです。

―― ビヨンドだから、とうふのまま、油揚げのままで、超えていくんですか。

**鳥越** そうです。カルビのようなビヨンド油あげは誰が何と言おうと「油揚げ」です。でも油揚げってよくよく考えると、明治の文明開化でごく一部の方が牛鍋を食べるようになったと思うんですけれども、その前の日本人にとっての肉って油揚げだったと思うんです。油揚げのおみそ汁って、スープのお肉なんですよ、きっと。

―― 油揚げが日本人にとっての肉。

**鳥越** なので、かつて日本人にとっての肉だった油揚げ、という視点で現代にアップデート、ビヨンドするとこうなんです、みたいな(笑)。

―― よく思い付きますねえ。

**鳥越** つくり方も材料もすべて油揚げですが、イミテーションミートよりもおいしいと自負しています。この商品はめちゃめちゃ好評でして。その理由として、さっきの「イミテーションを目指していない」のと同じ話なんですが、ある大学の先生から言われたのは、

「鳥越さんのつくるものってだまされ感が薄いんだよね」と。

――だましてないとは言ってない（笑）。

**鳥越** でも、薄いんだよねと。「油揚げです」「豆腐です」と言うでしょうと。肉です、ウニです、と言われると、肉よりああだ、ウニと比べるとこうだと言いたくなるけど、油揚げ、おとうふ起点で考えるからだまされ感が薄くて、いいところだけ感じてもらえる。

――うーむ（笑）。

**鳥越** そして、「フォアグラのようなビヨンドとうふ（仮）」というのを開発していて。

――しかし、カルビ、ウニ、フォアグラと、食べ過ぎると体に悪そうなものばかり。

**鳥越** そこはかなり重要なポイントです。本物のウニを目指していない理由でもあります。

――というと？

## ひたすら似せるのではなく、いいとこどりで

**鳥越** 実は、途中までもっとリアルな本物のウニを目指していたんですけど、ウニってけっこう食べ飽きません？

——味が濃くて癖が強いですからね。

**鳥越** 私、そんなウニをいっぱい食べるような豪勢な家に育っていませんので偏見があるかもしれませんが、一口目、二口目っておいしいんですけど、三口目で「うーん、もういいかな」と。

一般人のウニの味のイメージは、一口目、二口目で、三口目以降のウニの味まで再現しても喜ぶ人はあまりいないだろう。ですので、私みたいな一般の人間がイメージできるものであれば、二口目からあとの再現にはこだわらない方針に切り替えました。

——食通の方からは異論が出そうですね。

## 完コピでなきゃダメなのか？

**鳥越** はい。そういうご意見も頂いています。「すごい、これはウニだ」と言っていただける方に対して、「いやいや、北海道の新鮮なウニ、食べたことないからそういうことが言えるんだよ」と突っ込む方がいて。ちょっと待ってください、と。

——その新鮮なウニ、食べたことある人がどれくらいいるんですか、と。

**鳥越** 本物のウニじゃなくて、ウニのいいイメージを実現するんだというふうにやっていますので。フォアグラもその路線です。フォアグラってとても油っぽくて、イタリアンのシェフの方に聞くと、手で触った瞬間に溶けるぐらいがすごくいいフォアグラなんだとおっしゃるんです。でも、油っぽいものは飽きるのも早いので、一口目を再現したい。二口目以降も一口目の味わいが続く。だから本物とは違う。けれど飽きにくい。

――面白いですね。どれも高級食材のイメージがあり、当然おいしいんだろうと思われているけれど、本物は癖が強くて飽きが来るのが早い。飽きが来ない上物もあるけれど、誰しもが食べられるものじゃない。

**鳥越** おっしゃる通りです。

――だったら本物の完コピを目指す必要もないでしょう、と。

**鳥越** そうです。私たちのやり方は、「ここと、ここと、ここがあれば成り立つ」と、最低限、でもコアは外さず、そこだけ考えます。ですので、出来上がったものはいびつだけれども、短期間で、手頃で、満足度の高いものがつくれる。

――「ジオングに脚を付けるな」ですね。

**鳥越** 大手メーカーの開発の方とこの話をすると、「そういう考え方はしたことがなかった、面白そうですね」と言ってくださいます。やはり技術力も資金も人材もいらっしゃるので、完全を目指すお仕事のやり方が主流なんでしょうね。

## 「再現度」より「おいしさ」が勝ったノンアルビール

――ある大手ビール会社のノンアルコールビールの開発のお話を聞いたことがありました。チームを2つに分けて競作させたんだそうです。片方はビールをつくっているチーム、もう片方は清涼飲料をつくっているチーム。よーいドンでやらせたら、清涼飲料チームが勝っちゃったと。

**鳥越** ああ、たぶん、ビールのチームは「すごくよくできているんだけど、あまりおいしくない」のができちゃって、「とにかくビールの雰囲気があって、おいしくすればいいんだ」と考えた清涼飲料チームに負けちゃったんじゃないでしょうか。わかりませんけど。

――なるほど。

**鳥越** ビールチームは、味わいとして普通のお客さまがビールで楽しんでいるところに絞らないで、とことん分析・再現しちゃって。もちろん、「ビール通」の方はそこを評価されるんでしょうけれど、そういう方はノンアルビールを飲まないような気がしますね。

――再現性がすごく高い。でもビールらしいおいしさ「以外」も再現しちゃった、と。

**鳥越** いくら数値目標を高いレベルで達成しても「でもおいしくないよね」の一言で終わっちゃうんですよね。しかも数値で詰めていくと、何がだめなのかが答えられないんですよ。だって数字は合っているので。

――そうですね。

**鳥越** たぶんビールチームの方は「ビールをつくる。でもノンアルにしなくてはいけない」と、引き算で考えると思うんです。「ビール―X＝ノンアル」で、Xは何だ、と。清涼飲料の方は足し算でいけばいい。「ビールっぽい味のする炭酸飲料をつくろう」のほうが、ずっとシンプルですよね。すみません、門外漢があれこれと憶測で。

――それにしても、食材のイメージからプラスの部分だけを手軽に取り出して、しかも大豆でつくる健康イメージを載っけて商品化、って、うまい手を考えましたね。

**鳥越** ありがとうございます（笑）。大豆は「畑の肉」というくらいで、たんぱく質が摂れて、油のコクもあって、しかもいろいろな味を載せることができる。それが「Plant Based Food」である、おとうふの力なんです。

――そこを先鋭化させたのがビヨンドとうふ、油あげシリーズってことですか。

**鳥越**　はい、この開発を通して「日本の食品産業の先端技術と、おとうふで培ってきた伝統技術をかき集めて組み合わせれば、この業界の未来はみんなが思っているよりずっと明るいし、地球の未来にもいい影響を与えられるんじゃないか」と思うようになりました。日本の伝統の技には、そのくらいの底力がある。そんな話を大真面目に国連でしてきたわけです（133ページ）。

## デイリーは大手企業の規模のメリットを生かしにくい

――そうなるとですね、じゃあ、そんなに可能性があるなら大手が参入してこないのかな、と思うんですけれど。総力戦を挑まれたら、局地戦が持ち味の〝ゲリラ屋〟としては困るんじゃないですか？

**鳥越**　実は大手さんが中小企業の買収などでこの業界に参入してくるケースはけっこうあるんです。かつて大企業の参入を妨げていた「分野調整法」は形骸化してますし、6000億円という市場規模と、いわゆる大企業が存在しないことから、「これはブルーオーシャン市場じゃないか？」と思われるのでしょうね。でもうまくいった会社さんは今のところない。

――なぜでしょう？

**鳥越** 私はおとうふのことしかわかりませんけれど、日持ちしないデイリー、日配品の世界は、大手の強みが発揮しにくい市場じゃないかな、と思います。

先にご説明しました（85ページ）ように、日配品は「今日言われて、今日つくって、今日届ける」みたいな商売です。同じ食品メーカーでも、大手さんが強いのは「まとめてつくって倉庫に置いておく」、つまり在庫が可能な商品がほとんどです。

――そうか。日配品には「在庫」という概念がないんでしたね。そうなると、大手ならではの大型投資による大量生産・精緻な管理・ロジスティックスの力が発揮しにくいかもしれない。

**鳥越** スケールメリットが出しにくいんですよね。「こんな小粒な企業ばかりなら、うちががっつり投資して、規格に沿って数値で管理して、納期も正確に守れば、簡単にシェアを取れる」と考えられるのでしょうが、だいたい3年前後で撤退していかれます。

――デイリーは大手に向かないというか、強みが生かせない。

**鳥越**　資金力を生かした最新工場、高性能の設備、まではいいんですが、その目指すところが画一化、均一化、というところに向かいがち、ということもあると思います。

## 企業が大きくなると「数字にできない」話が通りにくくなる

――「満点、完璧を目指す」という大手一流企業にありがちな文化は、画一化、均一化と裏表なのかもしれませんね。

**鳥越**　そして、非効率さを嫌う。その裏返しとして、数字に出ないことに価値を認めない。もちろん意味のない非効率は削るべきですが、コスト追求を最優先すると、その会社の個性だと評価されているところまで踏み込んでしまう。これは救済M＆Aのところで申し上げた通り、本当によくあるんです。

――数字に出ない部分は、社内で説明しにくいから通りにくい、ということかもしれませんね。そういった話の具体例はありますか。

**鳥越**　たとえば、３００円、４００円、５００円のおとうふを出していたとうふ屋さんがあったんですが、親会社から来た社長さんがそれをみんな一緒にしちゃって。

――え？　どういうことですか。

**鳥越**　現場としては、それぞれ豆乳や煮釜を分けて、炊き具合の管理も変えて、結果として味わいも違うものをつくっていたんですけれど、親会社から来たその方は「原料も工程も、みんな一緒だよね」と。確かにそれも正しいんです。材料は同じといえば同じ、つくり方も大枠では同じ。でも、釜一つ取っても、実は蒸気の入り方から始まっていろいろな違いがあるんです。

――工程や素材には大きな差がないけれど、最終製品としては別物だと。

**鳥越**　でも、そういう工程の違いによる味の差は説明が難しいですし、効率・コストを考えれば細かい差異は邪魔にしかなりません。というので、これはもう同じ設備、工程でつくって、差別化できるポイントになりそうな、素材だけちょっと変えとけばいいじゃん、ということに。その結果、価格差はそのままに、味の差はほぼなくなってしまって。

――えっ、値段はばらけさせたまま、中身の差を縮めたということですか。

**鳥越**　という感じですね。

――それってアリなんですか。

**鳥越**　違いはあるのかと聞かれれば、確かに素材は変えている。けれども、味としてはほとんど変わらないものになった。

――スペックというか、素材の差が味の違いに直結するわけでもないんですか。

**鳥越** そうです。大豆が違うだろうとか、にがりが違うだろうだとか、実は、そんなこと「だけ」では、おとうふの味は変わらないんです。味を最終的に決めるのは、単純だけど奥が深い、つくり方なんです。けれども「つくり方は同じでも材料を変えている」ことで、商品ランクをそのままにしておこう、そんな感じにしていたようですね。

――男性はスペックに弱いからなあ。素材が違います、と言われたら納得しちゃいそう。

**鳥越** 付加価値は素材じゃなくて、つくり方にあるんですが、効率や合理性に縛られている人にはそこが見えないんです。「モビルスーツの性能の違いが、戦力の決定的差ではないということを……教えてやる！[※2]」と言いたくなりますね。

## 新製品はまず手づくりで「味のポイント」をつかむ

――資金力、最新設備、効率追求がそのまま競争力になるって考え方は、半導体産業なら正しい。でもそれはどの業界でも正しいわけじゃない、ってことですかね。

付加価値は素材じゃなくて、つくり方にあるんですが、効率や合理性に縛られている人にはそこが見えないんです。「モビルスーツの性能の違いが、戦力の決定的差ではないということを……教えてやる！」と言いたくなりますね。

**鳥越**　半導体ってそうなんですか（笑）。おとうふしか知りませんけれど、この世界のテクノロジーは、新旧は関係ないと思いますよ。うちは木綿では高効率を誇る生産設備を持っていますけれど、新製品や高付加価値商品は、手づくりのラインでやっています。

――へえ、手づくりですか？

**鳥越**　はい。手づくりのライン化はうちの生産の得意技です。新製品は基本、手づくりで始めます。数が出るかまだわからないから、ということもありますが、手づくりでやっていますと、味の根幹になる作業工程、絶対的に外しちゃいけない「ここがポイントだ」というところがどの商品にも必ずあるんですけど、これがはっきり認識できる。

数が出るようになったら部分的に自動化もしますし、新人でもいいようなところは任せたりしますが、勘所、コアは必ずベテランの人がやります。そして、コアがどこにあるかというのは手づくりで生産してみないと、見つからないものなんですね。

## 自動化したら出ない味って、やっぱりあります

――しかし、生産効率という視点からは厳しいでしょう？

鍋形のトレーに専用のおぼろ豆腐と調味たれを入れ、食器いらずでレンジで3分半で食べられる「ひとり鍋」シリーズ。写真は発売以来人気の「濃厚豆乳たっぷりスンドゥブ」

**鳥越**　うちは、おいしさを前提としつつ量産をすることも得意ですし、「今時、こんな生産効率の悪い、原始的なやり方をしているのか」という作り方も得意なんですよ。一番の例は、この「ひとり鍋」シリーズ」（13年8月発売）でしょうね。

――これ、手づくりなんですか？

**鳥越**　はい、手で寄せて、手で盛り込んでというのを1日12万パックぐらいやっています。

――えーっ。

**鳥越**　全部手でやっています。

――それはなぜですか。自動化したらもっと儲かるって考えないんですか。

**鳥越**　自動化したらこの味が出ないからです。

――味が出ない。

**鳥越**　こういう180リッターの桶で、一個一個寄せて……。

――人気商品なのに、そんな手間をかけているんですか。

**鳥越**　そうなんです、そうなんです。だから他社さんには絶対にできないんですよ。そのおかげで一人勝ちになって、収益源に成長できた。

## 味で差別化できなければ、待っているのは価格競争

――そうか、ひとり鍋シリーズも最初から量産・低価格前提でやっていたら、あっという間に競合メーカーとの競争になっていたわけですよね。

**鳥越**　おっしゃる通りです、はい。

――豆乳クリームという業界の常識的には信じられないような高い材料を使って、しかも人手で勘所を押さえて作業している。それが味の差になる。

**鳥越**　そうです。発売したときには「100円で売ったほうが売れる」「手で寄せるんじ

ゃなくて充填豆腐（豆乳と凝固剤をパックに入れ、パックごと熱して固める）にしたら安くできていいんじゃないか」とか言われたんですけど、いや、そんな、どこの会社でもつくれるようにしたら絶対だめですと。

――誰がそういうことを言ってくるんですか。

**鳥越** スーパーのバイヤーさんですね。ひとり鍋シリーズを出した10年前はとにかく、価格、価格、次に供給でした。最近はもう言われないですけど、当時は。

――競合とは味で差別化するんだと。とはいえ、見た目をひとり鍋に似せることは簡単にできそうですよね。

**鳥越** ええ、それはもう見事な類似品がいっぱい出てきました。「普通に豆腐を鍋状の容器に放り込めばいいんだろう」と。簡単そうに見えますよね。でも、そういう商品はだいたい出ても半年で撃沈していきます。

――それは狙い通り味の違いによるものなんですか。

**鳥越** だって味、もう全然違いますよ。そういえば、他社さんの類似品が「おいしくない」というクレームが、うちに来たことがありました。味はともかく見た目がそっくりだったので（笑）。

――うまい、まずい、は官能評価なので、人によって違いもあると思います。なかなか合理的に説明するのは難しいと思いますが、手づくりで類似品に差が付けられる理由はなんでしょう。

## 目指すのは「おいしさ」か、それとも「同じ味」か

**鳥越**　手で寄せると、寄せむらができるんですね。大きな理由はそこだと思います。乱暴に言うと、均一を最優先するとなかなかおいしいものにはならないんですよ。そこそこの味、平均点は取れるんですけれども、手づくりのおいしさを超えるのは難しい。

――うーん、それって多分にイメージ的なものじゃないでしょうかねえ。

**鳥越**　いや、つまり、均一化は「おいしいもの」を目指すのじゃなくて「いつも同じ味」を求める考え方だから、そうなるのだと思います。

――あ。

**鳥越**　特に大手さんですと、「どこの工場でいつつくっても、全て同じ味でなければ」と、がっちり数値目標で機械を制御して管理するんじゃないでしょうかね。わかりませんけれ

ど。

でも、何をやろうが、味には絶対にブレは出るんです。Yさんもプラモデル工場の話をされたじゃないですか（43ページ）。樹脂でさえ、季節が変わるだけで大きなバラツキが出る。

――そうでした、そうでした。

**鳥越**　「それでも均一化せよ」ということになって、しかも量も計画達成がマストとなれば、「とにかく、数字が揃っていればＯＫ」だと。そして数字を揃えることを「味のレベルがちょっと低いところになっても許容して」達成しよう、そんな発想になるんじゃないでしょうか。すごくおいしいものって、ブレを許容するから〝ときどき〟できるんじゃないかな、なんて思ってるんですけどね。

――ええと、つまりこの、手づくりが大きく関与しているシリーズというのは、厳密に言うと味にブレがあると。

**鳥越**　ありますね。ただしブレがあるといってもうちのは基本、おいしいんです。そして時々、ものすごくおいしい日がある（笑）。おいしくないというクレームが来ることはありませんので。おいしいとお手紙を頂くことはありますけど。

―― なるほど、考え方の違いは理解できます。

## メーカー自らが「豆腐なんてみんな同じ」と思っていた

**鳥越** うちが救済M&Aに乗り出すような、地方のおとうふを支えてきた会社さんは、もともとは職人の腕の世界で、その時代って味はものすごくブレていたはずなんです。今日はイマイチだったかな、でもおいしいラインには達しているぞ、明日はもっと頑張るぞ、みたいな感じで。

だからうちのグループ会社が増えれば増えるほど、ある意味、「おいしさを最優先して、ブレを嫌わず大事にする」おとうふ屋さんが日本に増えていく、イコール、その地方の豆腐文化が再び活性化する。そんなふうになっていったらいいなと。

―― 全然ジャンルは違いますけど、セイコーマートさんの話を思い出しました。

**鳥越** ああ、店内で調理するコンビニさんですね。

―― ここまでのお話からすれば、お店で調理することによる味のブレは、おそらくはあるはずだけど。

**鳥越**　はい。

――実はそここそ、お客さんが、「我がセコマ」みたいな感じで愛しているのかもしれないな、と思いました。

**鳥越**　セコマさん、熱いファンが多いですよね。ちょうど昨日、帯広の駅前のお店でお弁当食べました。おいしかったですよ。

とはいえ、手づくりのブレが競争力につながるというのは、豆腐業界の人間には信じられないかもしれません。「豆腐なんかどれでも一緒だ」と思われて、事業者もそう思っていた。男前豆腐店さんとか、例外はありましたけれど、少数派です。

――業界のほとんどの方が自ら「みんな一緒だ」と思っていたわけですね。味で差別化なんてできないと。

**鳥越**　お客さまから見るとおとうふのブランドなんか関係ない。悲観すると何をやったってムダに見える。おとうふに限らずそういうものですよね。

ですけど、ポジティブに考えると、「いや、みんな均一だと思っているんだから、ちょっとアタマが出ただけでも違いが伝わるんじゃないの」と。結果は、やっぱりお客さまにも、「おっ、違うじゃない」と評価していただけている。

――しつこくてすみませんが、やっぱり気になるので聞かせてください。そのブレさえ許容すれば、どこの会社でもおいしくつくれるものなんでしょうか。

**鳥越**　たとえば、私どもが取材を受けるときに、相模屋の味の作り方は、と聞かれたら「この豆乳クリームと、おだしを使います。豆乳クリームですから当然コクがあって、それにおだしを調和させて載せていくのに適した配分や温度を、だしのメーカーさんと一生懸命トライ&エラーを繰り返して、やっとできました」みたいな話をするわけです。なんとなくわかった気になるし、ウソも言っていません。

――はい。

## 数字に還元できる味だと、差別化は難しい

**鳥越**　ですけれど、数値さえ手に入れればつくれるんだったら、よその会社でも全然できるんですよ。

一番大事なのは、数値化できない、言葉で説明できないものを理解する感覚を持った人を見つけて、育てて、現場を任せることなんです。感覚の部分で生産のコアをキャッチし

て、現場に取り込んでいくんです。これが我々の最も得意なところだし、ブレのコントロール方法、といえば、方法なのかもしれません。

――数字に還元できないと「再現性がないじゃないか」と、不安になりません?

**鳥越** はい、これはたぶん考え方の違いだと思います。私はそもそもブレをなくすとか、数字でコントロールしてやろうとか、あまり考えたことがない。ダメなときは原因を探して潰しますけど、いいほうのブレはあって当たり前でしょ? と。

ちょっと裏話ですけれど、ビヨンドとうふのある商品は、大手企業さんでも似た製品をつくっていたんです。研究への投資額や技術力ではうちとは天と地くらい差がある大企業です。そこでたまたま、そちらの当時の社長さんがうちのと自社ので食べ比べをする機会があって。

――ほうほう、どうなりました?

**鳥越** 社長さんは口にするやいなや、同席して試食した先方の社員さんたちを見回して「どっちがうまいと思う?」と、面白そうな顔で尋ねられました。

――勝ったんですね。

**鳥越** 思うんですが、「全部コントロールしよう」「要素分解すれば再現できる」と考えるような、頭のいい方の思考って、こんなふうじゃないですか。
物事があったらそこにある要素を全部分析して、何と何がつながっているのかを調べ上げて、あとはその要素・組成を全部「はい、ここはクリアできた、ここはまだ、ここはできた」とチェックリストでつぶしていけば、目指す目標にたどり着く、という。
でもね、それでおいしいものがつくれるなら、おとうふの世界はとっくに、大企業さんの天下になっているはずなんですよね。客観的な評価・分析「だけ」では、できないこともある。誰かの、たとえば職人の主観に任せるほうがおいしい。もちろん、技術の進歩もありますから「100%そうなのだ」とは言えませんけどね。

## 手順の〝正しさ〟が求められる大きな組織

――面白いですね。理屈というか、客観的に言えば、大企業流のやり方のほうが正しいけれど、中小ならではの主観のほうが満足度が高い、こともある。

**鳥越** そうですね。特に味覚は個人の主観が強いことが多いように思います。

――だけど、組織が大きくなると個人の主観で動かすことが難しくなる。

**鳥越** その分野の実務に通じていない人の了承が必要な案件もあるでしょうからね。

―― そうなると過去の経験値なり、客観的な数字の裏付けが求められる。「大企業は常識や数字にとらわれがち」とよくいわれますけれど、むしろ「常識に従わないと、数字がないと、社内が動かせない」って言ったほうがより正確なのかも。

**鳥越** 「常識に従えば、大成功はしなくてもひどい失敗はしない」という経験則があるし、多くの目標を同時に、完全に達成するに足るだけのリソースもあるわけですよね。

―― だから「人も予算も充分あるのに、なぜ完璧にやろうとしないの？　エビデンスも出してよ」と問われてしまう。プレッシャーもかかる。

**鳥越** そのプレッシャーによって、お客さまの満足よりも、数値目標を達成すること自体が仕事の目的になったりします。規模の小さい相模屋が、もしそうなったらおしまいです。

……Yさんに乗せられてなんだかいろいろディスっちゃったみたいになりましたが、大企業さんの研究開発力はすごいですよ。とてもじゃないけれどマネできません。競争するより協調して、共におとうふの市場を拡げていく、というのが理想です。おかげさまでいろいろな会社さんから「一緒にやろう」と声をかけていただくようになりまして。

―― 大企業とのコラボと言えば、まず不二製油さんのUSS製法[※3]ですか。

**鳥越**　はい、USS製法でつくる濃厚な豆乳クリームは、ビヨンドとうふになくてはならないものです。品質がすごい分、お値段も普通の豆乳の30倍ぐらいします。導入当時は死ぬ気で決心して、「15%入れます」と先方にお伝えしたんですけれど「15%ですか……」と言われたのを覚えています（笑）。

――もっと入れてほしかったんですね（笑）。

**鳥越**　がっかりさせてしまったのですが、でも、大ヒットしましたので、15%でもものすごい量になりました。

## 大手企業の技術者が無茶な課題でノリノリに

――大手さんから声がかかる理由はどこにありますか。

**鳥越**　やっぱりうちが、普通はなかなかないテーマに挑戦しているからじゃないでしょうか。

――まあ、たしかに（笑）。

**鳥越**　うにのようなビヨンドとうふを出した後に、実は「イクラのようなビヨンドとうふ」を出そうとしていたんですね。なんですけど、疑似イクラってもう世の中にけっこうあるんです。

「素材が豆乳になりました」と言ったところで、商品としては疑似イクラと一緒にされちゃうのは面白くないねと。それだったら、フォアグラをやってみよう、誰もやったことがないだろう、みたいな。

――それでウニの後にフォアグラですか。

**鳥越**　そう、そう。そして、もしかしたら商品化はこっちが先になるかも知れませんが、おとうふを刺し身のように切って食べる食べ方があるのを見まして、あっ、大トロもいけるんじゃないかな、と、開発を立ち上げました。

――……。

**鳥越**　うん、いまのYさんみたいな顔を社内の開発チームも、そして協力してくださるメーカーの研究者の方も、最初はするんですよ（笑）。でもそのうちに「面白い！」「まさか豆腐屋さんから、おとうふで大トロをつくってみたい、なんて話がくるとは」「普段は省力化とか、品質の安定とかがテーマで、そんなお題は初めてもらった」って。

――そりゃ初めてでしょうよ（笑）。

**鳥越**　そうするとノリノリでやってくださるんですよ。「今回はこうやってみました、みんなで食べてこんな印象でしたので、次はこうしたいです」みたいな感じで、先方からぐいぐい話を進めてくれるんです。

最近は、複数の会社さんとテーマを共有して、進行もオープンにしながら開発することもあります。A社さんはここ、B社さんはここ、C社さんはここ、と別々にやるんじゃなくて、全体にアイデアを出していただき、それぞれのアイデアをまた組み合わせるんですね。

——へえ……。

**鳥越**　とやっていくと、試食会で「うちのアイデア、どう使われました?」「はい、ここところとここに」「ああ、よし、効きましたね」みたいな話で盛り上がるわけです(笑)。

——それも相当面白いですね。

## 豊富な失敗経験が財産になっている

**鳥越**　はい。アイデアを具体的に再現性のある手法にしていくのは、やはり大手メーカーの開発の方がすごい力を持っています。一方で、我々は先に申し上げたように、数値化しにくい部分に長けている、と思います。それと経験値ですね。たくさんの手法をたくさん組み合わせて試してみたので、理屈ではわからない部分もありますが、だいたいこっちにいけばなんとかなる、という方向性はわりと間違えない。

――戦場の風をたくさん浴びてきたから。

**鳥越** まあ、新製品はたいていどれも最初は思い通りにいかないんです。経験が浅いとそれで、どっちに行けばいいのかわからなくて、あきらめるしかなくなっちゃう。でも、うちはいろいろな苦難を乗り越えてきています。なので「これだったら、前にうまくいったこの手を使えばいいんじゃないの?」「だめでした」「じゃあ、次はこうしよう」という手がたくさんある。

――似た失敗経験が蓄積されていて。

**鳥越** それが増えれば増えるほど、どんどん新しいものにチャレンジができますし、「どうやってもできない」という無理筋が、最初の時点でもう、直感的にわかりますので。あるいは「できるかもしれないけれど、うちの手持ちのカードでは対応できないな」とか。

――そして、でもこれは面白いじゃないか、となれば。

**鳥越**　そうです。「うちだけじゃ無理だ、よその力を借りてこよう」と動くわけです。

――なるほど。

**鳥越**　そうなるとですね、救済M&Aでグループになった企業が増えてきたことがすごく効いてくるんですよ。

## 負のスパイラルに押しつぶされた技術

――というと？

**鳥越**　新しいことをやろうというときに、「あそこの技術とここの技術とここの技術を使えば、たぶんなんとかなるな」というケースが増えているんです。たとえば肉肉しいがんも～INNOCENT MEATも、京都タンパクの手ごねの技術、匠屋の合わせの技術がなければできなかったですし。

――え、そうなんですか。

**鳥越**　はい。さっきも言いましたが、地方で長く続いてきたおとうふ屋さんは、数値化しにくい部分のノウハウをたくさんもっていますから。

規模の小ささも原因ではあるのでしょうけれど、かつては地方に独特の豆腐文化があって、そこにはすごい技術を持つ名物社長がいて、社長がつくる名物おとうふがあった。この業界が中小企業の集まり、という意義はものすごくあったと思っています。味で特徴が出ているから、規模が小さいことは問題ではなかったのです。

そこに、高度成長期がやってきて大量の消費が生まれる。そこで必要とされるのは効率であり、規格化、画一化による大量生産です。独特さ、個性より価格だ、供給量だと。味や個性は忘れ去られて、そうすると独自の技も製法も名物社長も不要になってくる。

――数が、数字が正義、という時代が到来して。

**鳥越** 特色よりもコストとキャパ、設備投資して均一の商品を大量供給、価格で競争して、当然。それでレッドオーシャン化して、負のスパイラルへようこそ、という。

ただ、この戦略自体が間違っていたわけではないんですよ。需要が増えていく中ならばそれもちゃんとした経営方針だと思います。問題は、需要が減る中でもその戦い方が変わらなかったことで……なんだか話がずれちゃいましたね（笑）。

――地方の豆腐メーカーの技術力のお話でしたね。

**鳥越** そうでした。で、この負のスパイラルに押しつぶされた宝物の技術が、日本各地にまだまだ隠れているんです。

## 相模屋がマネできなかった「堅とうふ」

**鳥越**　たとえば23年2月にグループ会社になった日の出（千葉）。国産大豆だけを使って、昔ながらの手づくり製法のおとうふで支持されてきたメーカーですが、やはり経営難になって、相模屋に救済を求めてきたんです。

ここの技術はすごいんですよ。中でも看板商品の「堅とうふ」。まるでお刺し身です。さっきちらっと触れたのは実はこれです。

――刺し身？　豆腐ですよね？

**鳥越**　包丁で切ってわさびじょうゆで食べていただくと、おとうふなのにお刺し身みたいに食べられるんです。コクと甘みがすごいんですよ。

6年前ぐらいですけれども、「日の出の堅とうふみたいなのはできないか」というオーダーが、あるスーパーさんからあったんです。「あんなの簡単ですよ」と試してみたんですけど、食べ比べると味がまったく違う。堅さは負けないんですけど（笑）。

――相模屋じゃかなわんと。こと豆腐でそういうのは珍しいんじゃないですか？

**鳥越** そうなんです。うちがつくったやつは国産の相当いい大豆を使っているはずなのに、もう何か、あれ？　あれ？　という。堅いだけなんですね。食感も日の出のほうがふわっとしていておいしい。どうしてかなと思ったら、グループ会社になってわかったんですけれど、製法が全然違いました。

おとうふには「寄せ」という工程があります。豆乳に「にがり」を入れて凝固させるんです。ちゃんと混ぜるのが大事で、うちもそうですが、たいていは、「ワンツー」と呼ばれる、上下対流方式でやっています。作業が2ステップなのでワンツーという。

ところが、日の出は「櫂（かい）」という、大きなしゃもじかオールのような道具を使って、桶の中で豆乳とにがりを攪拌（かくはん）していたんですね、20分間かけて。ワンツーならものの5秒で瞬時に寄せられるんですが。

――効率の差は圧倒的だけど、さっきの話（166ページ）ですね。

**鳥越** そうです。瞬時に寄せるほうが望ましい世界もあるし、じっくりゆっくりやっていかないと届かない世界もあるわけです。にがりが豆乳と反応して、ぎゅっと凝固していく過程を時間をかけて進めることで、微妙な加減ができる。

そして、ここが大事なんですが、その櫂で20分かけた寄せによって、とうふの内側にうまみを含んだ水分が保たれている、そんなイメージです。

――あれ、でも、堅豆腐ってことはその、堅いんですよね。水分が残っていたら、柔らかくなるんじゃないですか。

**鳥越** 絞って表面は堅くなっても、中にあるうまみ分が保たれているから、ただ「堅い」のではなくて、「ぎゅっと甘味とコクが詰まっている」というジューシーな印象になるんだと思います。

さて、おとうふには絹と木綿がありまして、絹（絹ごし豆腐）は水分を絞らないでそのまま製品になる。プリンみたいなものですね。水分が多いのできめ細かく滑らかです。一方、木綿は寄せていったん固まったのを崩して、型箱に入れて、重しをかけて水分を絞りながらもう一度固める。崩してから固めるのですき間が空いて、煮物の味がしみやすいわけですね。このもう一度固める工程が「絞り」です。

――つまり堅豆腐は木綿豆腐のバリエーションなんですね。

**鳥越** そうです。普通の木綿よりさらに絞って堅くする。さっきも言いましたけど、相模屋も含めて普通の豆腐メーカーは、「堅いおとうふなんて簡単ですよ。うんっと絞ればいいんだから」と思っているわけです。

――水分をなくせばいいんだろうと。

**鳥越** ですけれども、ぎゅっと絞ったときに水といっしょに、うまみと甘みがいっしょに出ちゃうんですね。堅いおとうふは誰でもつくれる、ただし無味乾燥でよければ、ということなんです。

――じゃ、日の出さんはどうやっていたんですか？

**鳥越** 自然脱水で、とうふ自らの重みで水分が出て行くのを30分待っていた。

## 業績の悪化で工程を短縮してしまう

――寄せの過程でうまみが保たれて、絞りの過程でもうまみを含んだ水分を出し過ぎないようにする。すごい。こういうのってある意味鳥越さんの理想の豆腐じゃないですか？でもそんな個性的な商品をつくる会社がなぜ救済を求めるような事態に陥るんでしょう。

**鳥越** さっきの繰り返しになりますけど、そういう一番大事なところを、効率優先で省いてしまったからです。

――省いちゃったんですか。

**鳥越**　そう。業績が悪化して、手づくりや原料へのこだわりは捨てられないけれど、効率も求めなきゃダメだ、と。それ自体はいいんですが、ムダなところを削るのではなく、商品の競争力のコアを削ってしまった。せっかく20分で寄せていたのを5分に短縮し、絞りもがんがん重しを乗せて、10分ぐらいでできるようにしたと。それ、効率化じゃなくて、商品価値の削減だよという感じになって、お客さまが離れてしまったんです。うちのグループになってからは、全部、一番おいしかった頃のやり方に戻してもらってます。

――相模屋がまったくかなわなかった頃の。

**鳥越**　そうそう。「あなたたちのおとうふはこんなもんじゃなかったはずですよ、うちよりうまかったじゃないですか。あの日に戻ってください」と。

――スポ根のライバル対決みたいだ、それはお互い燃えますね（笑）。

**鳥越**　これを言ったら、「相模屋に買収されると、機械化させられて、量産品をつくらされる」というイメージがあったみたいで、驚かれました。そんなことは一度もやっていないんですけど。日の出のこの技術が復活して、業績も急激に改善しているんですが、それだけじゃなくてですね、これは冬場の主力商品、焼きとうふにも応用できるわけです。焼きとうふもしっかり絞ってつくるものなので、基本的にあまり味がないことが多い。

――だけどこの堅とうふでつくれば。

**鳥越** そう、これを焼きとうふにすることで甘みとうまみのある焼きとうふができる。しかも焼き方も変えて、全面焼きにして……って、おとうふに興味ない方にはどうでもいいですよね、この話（笑）。

――いえいえ（笑）。確かに焼き豆腐って、そんなに「うまい！」と思ったことはないですが。

## いまいち目立たなかった焼き豆腐を革新できるかも

**鳥越** 私たちのPR不足だったなと思うんですけど、焼きとうふって、おとうふにすき焼きでしたらすき焼きの味が染みて、それで食べていただくというような形ですよね。

――そうですね、豆腐というよりは。すき焼きの味を食べている。

**鳥越** そうです。木綿豆腐は味が染みやすいのでそれでいいんだ、と思っていました。つまり、とうふ屋なのにおとうふの味を自分たちであきらめていた。でも、今年からはこの技術が使えるじゃないかと。うまみを閉じ込めた堅とうふで焼きとうふをつくれば、おとうふ自体もおいしく召し上がっていただけるかもしれないですよね。何なら主役だっていいじゃないか、と。

――なるほど（笑）。しかし日の出さんは、もともとそんないい商品を持っていても、やっぱり経営が苦しくなって効率化に走ったんですねえ。

**鳥越**　グループに入った会社のほとんどがそうなんですけれども、自分たちの持っている強みを、バイヤーさんに表現して、注文をもらう、って、メーカーにとってはすごく難しいんですよ。おとうふの味での差別化、という発想自体が、ごく最近の話ですから。

――その点は相模屋は有利ですよね。ザクとうふに始まって、びっくりするような商品を次々出しているイメージがあるから。

**鳥越**　そうそう。どんなヘンなものを出しても、これまでちゃんと売ってきましたから。まあ、売れなかったものも多々ありますが（笑）、信頼を裏切らずにきているので、「どれどれ」と見てはいただける。

――なんといってもトップメーカーですし、営業も商品企画の提案をガンガンやるし。

**鳥越**　商品力に加えて営業力があるから、新商品を店頭に出して売っていただける。そうじゃないと、「こんなこだわりの商品をつくりました」と言っても……。

**鳥越**　「そういうのいいから、普通の木綿豆腐安くしてよ」みたいな話に。

――ううむ。

**鳥越**　真面目な話、商品説明をバイヤーさんに聞いてもらうだけでも大変だと思います。

――だから、うちの営業をプラットフォームにすることで、各社さんの個性的な商品を世に出していけるんじゃないかと思うんですね。グループ会社の面白い技術はまだまだありますよ、匠屋（兵庫、旧・但馬屋食品）は、豆乳づくりの高い技術を持っています。おとうふの味はベースになる豆乳の作り方で変わる。

**鳥越**　へえ。

――匠屋の前身、但馬屋食品は豆乳づくりがめっちゃうまかった会社なんです。

**鳥越**　具体例で言うと、数字で見ないで匂いで（大豆の）炊き方を判断するんです。これは私も初めて見ました。炊き方には、「若炊き」と言うんですけれども、ちょっと炊きを弱くするやり方もありますし、さらに弱い炊き方や、逆にものすごく炊いちゃうやり方もあります。それで味の入り方が変わってくる。そこを、匂いを手がかりにコントロールする。

――温度や時間よりも、匂いで判断したほうがおいしく炊けるってことですか。

**鳥越**　はい、豆や水の状態で、それぞれの炊き方に求められる時間や温度がどんどん変わるので、エクセルで管理できるようなものではないんですね。リアルタイムで変化する匂いで、最適のタイミングが見切れる、ということだと思います。
　これが何に生きるか。いろいろあるんですが、再建会社のおとうふの味を立て直すときに、なくてはならない技術になっています。破たんする会社の豆乳は、まずまちがいなくまずい。匠屋の職人さんが行って豆乳づくりを指導することで、ベースの味が変わります。

――食品業界の先端技術だけじゃなくて、匂いを読む職人技もあると。

**鳥越**　両方あるのが、我々の大きな特徴なんですね。そういう職人技はまっだまだあります。もっと聞きたいですか、聞きたいですよね。

## 岐阜の豆腐文化が育んだ「からしとうふ」

**鳥越**　これは知ってるかな、すごいですよ、23年にグループ入りした岐阜のギトー食品がつくっているんですが、「からしとうふ」。知ってますか、からしとうふ。これ、知らずに食べると大変なことになりますよ、中にからしの塊が入っていて。

ギトー食品の「からしとうふ」。からし豆腐は岐阜の夏の風物詩といわれ、中に文字通り黄色いからしが入っている。水切りをして冷や奴のように醤油をつけるなどして食べる

―からし入りの豆腐なんですか？

**鳥越**　そう。タコ焼きみたいな感じでつくるんですね。

―ほう、タコの代わりにからしが。

**鳥越**　たこ焼きと違って焼きませんけれどね。枠におとうふを入れて、からしをこう、おはしでぽんと入れるんですよ。一個一個。それでまたおとうふをかぶせて、プレスをしてつくっていくんです。手作業で包餡（ほうあん）しているわけです。青のりを散らしていただきます。

―初めて聞きました。暑い季節にうまそうですね。

**鳥越**　普通だと包餡器を使ってにゅーっと包んでいくんですけど、ギトー食品では手

作業でやっています。からしとうふは岐阜の夏の名物なんですが、これを全国に広げるために新製品をいろいろ考えています。北海道の大豆を使って甘みのある、ちょっととろみのついた豆乳ベースのおとうふにして、中のからしもちょっとまろやかな辛みにして、それを崩しながらだしで食べる。秋冬向きに絶対うまいですよ。

――それもうまそうですね、手持ちの豆乳の技術との組み合わせで新製品ができていく。

**鳥越**　あと、これまた応用で考えているのが小籠包みたいなおとうふ。

――小籠包？　点心ですか？

**鳥越**　おとうふの中に具材を入れる、というからしとうふの着想を進めていくと、小籠包みたいに、崩してじゅわっと肉汁が出てきたらすごいなと思いません？

## 魚のうまみがあふれ出す

**鳥越**　そんなときにはごろもフーズさんの社長さんがいらっしゃって、何か一緒にできないかというお話を頂いて。

――はごろもフーズ、「シーチキン」ですね。

**鳥越**　はい。いま、一生懸命、開発を進めているんですけど、って話が飛んじゃうんですが。

――全然構いません、もう慣れました。

**鳥越**　うにのようなビヨンドとうふのときに、「癖がある」味が大事、という話になったんですけれど、そのときに「魚や海産物の持っている味の癖とおとうふって、すごく合うんだな」と改めて実感したんです。それはそうですよね、だしってもともと海産のものですから。

――そうですね、かつお節とか昆布とか、海産物ベースですもんね。

**鳥越**　そこでシーチキンに戻りますと、先ほど申しましたからしとうふのからしの代わりに、肉まんに具を入れるようにシーチキンの油を入れたらどうなるか。

――おおっ。

**鳥越**　そうしますと、このおとうふをぐつぐつ煮て、食べていただくときに、シーチキンの油が肉汁みたいにぶわーっと出てきて。

――ほうほう。

**鳥越**　めっちゃうまいんですよ。そしてただ油を入れるだけでは物足りない。私もはごろもフーズさんからお話を伺うまで知らなかったんですけど、シーチキンって何種類もあるんですね。

―― 昔、取材させていただきました。まぐろの種類がたくさんあって。かつおもあった。

**鳥越** そう。なので油にもいろいろ種類があるし、そしてうちには豆乳の技術もある。そもそもおとうふと魚介の味、だしが合うというところからいきますと、豆乳と油を混ぜて、肉汁みたいなものといいますか、「おとうふとしての肉汁」を出していくことができるんじゃないか、すごく新しいおいしさができるんじゃないかという。こうなると、おとうふ×スープのシリーズも出せるよね、と……。

## 「過去の栄光」と決めつけるのはもったいない

―― わかりました、わかりました。お聞きしていると、救済M&Aといいつつも、ただ企業を再生するだけじゃなくて、相模屋グループとして、それぞれの会社が地域に根付いた文化としてこれまで培ってきた技術を持ち札に加えて、それを大手企業の技術とミックスして、「豆腐でいっちょやってやるぜ」と。そして、それをやるのがうれしくて、面白くてたまらんと。

**鳥越** そうそうそう。その土地土地にこんなおとうふの文化があったのかというのを、発掘して世に広げていく、というのは楽しいじゃないですか。

上場目指して売り上げを拡大して、利益を上げて、事業としての成功、じゃないな、数字としての成功を追い求めるというのも、もちろんありだと思いますけれども、私はこっちのほうが楽しいし、やりたいことなわけです。

――「ここに宝があると、俺だけが気がついた」みたいな興奮から始まって。

**鳥越** はい、そしていまこそ日本が持っている、いや別に日本じゃなくてもいいんですけど、自分たちの持っている強みを、強みとして認識するのが大事ではないかと。

――黄金時代が去っても、強みは残っているかもしれない。問題は世の中への出し方で。

**鳥越** 「過去の栄光はあるけれど、いまさら通用しないだろうな」と弱気になっている方がすごく多いんですけれど、救済M&Aを通して、掘れば掘っただけ宝が湧いてくる経験を繰り返していますので、その弱気ってすごくもったいないな、と思っちゃいます。

[ この章のポイント ]

❶ 社内手続きの完全さを顧客の利益より大事にしていないか。

❷ 個人の「主観」で決断できることが小さな組織の有利な点。

❸ 過去に愛された商品を、新しいアイデアで磨いてみては？

## 気になる人向け補足説明

※1：不二製油（本社・大阪府泉佐野市）は植物性油脂、業務用チョコレート、大豆加工素材などの技術力に定評がある食品素材メーカー、売上高5500億円（2024年3月期予想）。

※2：「機動戦士ガンダム第3話『敵の補給艦を叩け！』」より、ジオン軍のモビルスーツ、ザクを操るパイロット、シャア・アズナブルが、ガンダムを迎撃した際のセリフ。ガンダムの性能がザクを圧倒することを知りつつも、結果はあくまでそれを操る者の技量次第、という意味。ガンダムを愛する人々は、不利な条件を承知で挑む際に、自らをシャアになぞらえてこのセリフを使いがち。

※3：USS（Ultra Soy Separation）製法とは、大豆を豆乳クリームと低脂肪の豆乳に分離する技術。豆乳クリームはコクの深さ、クリーミー感を、低脂肪豆乳は油分をほとんど含まないヘルシーさとうまみを持つ、とされる。

# 第6章

# 「変なものを出すよね
# と言われると、
# うれしくてゾクゾクします」

# 鳥越社長に聞いてみた一番うまくいかなかった商品は？

「成功」か「失敗」か。それを決めるのは数字か、自分か。数字は数字として切り離して考えてみるほうがいい、と鳥越社長。避けられない〝失敗〟を自分自身ではどう総括しているのか、ストレートに聞いてみた。

――新製品のアイデアが尽きないですけれど、失敗作だってきっとありますよね。

**鳥越**　新製品が出るとＳＮＳに感想を書いてくださる方がいるんですね。「相模屋のやつ、面白い」「すごい」「今回もおいしかった」と言っていただけるとすごくうれしいんですけれども、私がさらにうれしいのは、「相模屋ってたまにこういう変なもの出すんだよね」というコメントです（笑）。

――ヘン、と言われてうれしいと（笑）。

**鳥越**　「何これ？　というのを出すんだよね」と。

――それを言われるのが嬉しいんですか。

**鳥越**　はい、言われるのが嬉しいんです。

## 一番うまくいかなかった商品はどれですか？

――でも、それは鳥越さんの思いが伝わらなかったということじゃないですか。

**鳥越**　実は、自分でも「これ、へんちくりんだな」と思うときってやっぱりあるんです。もちろん、「それでもやりたいもの」ではありますけど。そういう商品についてお客さまから頂く「変なの」「何これ？」というストレートな声が、うれしかったりします。

――どういうことなんだろう……。ずけずけ聞いちゃいますけど、そういう、うまくいかなかった商品として思い当たるのはどれですか。すみません、答えにくいと思いますが。

**鳥越**　いえいえ。うん、一番はこの「のむとうふ」（2017年4月発売）ですね。

――飲む豆腐。漢字で書くと字面がすごい。

**鳥越**　「ナチュラルとうふ」のシリーズに近い、F1層（20〜34歳の女性）に〝おとうふを食べたい〟という機運を盛り上げるために開発した商品です。けっこう自信はあったんですけど、不安もまた大きかった記憶があります。

## 「飲むヨーグルト」があるなら「飲む豆腐」だって

――どこからこんな「変」なアイデアが出てきたんですか。

**鳥越**　私、もともと乳業メーカーの営業マンだったんですね。

――そうでしたね。

**鳥越**　ヨーグルトをメインで売っていまして、その「飲むヨーグルト」からの発想です。当時の飲むヨーグルトって前発酵と言いまして、最初に牛乳を発酵させて、固体のヨーグルトにまで凝固させないでドリンクにしているのがほとんどでした。

一方、豆乳ドリンクは世の中にたくさんある。だったら飲むヨーグルトみたいなものもできるんじゃないかなと思いまして、おとうふをちょっとだけ固めて、それを崩して飲むという商品をつくったわけです。

――おー、なるほど。それでお味のほうは。

**鳥越**　例の大豆100％の豆乳クリームでつくったおとうふの、コクととろみのある濃厚な味わいに、ほんのりと甘みを付けました。発売直前にファッションショー「東京ガールズコレクション（TGC）」で先行PRを大々的にやって、たくさんの方に「おいしい！」と言っていただけたんですけど、「おいしくない」という方もすごく多くて（笑）。

――笑い事じゃないですよ（笑）。

「のむとうふ」は2017年4月に発売。「パックから出して水を切る」などの手間を省き、「ケミカル感のないおいしい大豆プロテインをおしゃれに摂取できる」とうたった

**鳥越**　もしいま、「おとうふを飲む。そもそもそんな商品、いるのか？」と誰かに言われたら「いらないかも」と答えちゃいそうですけれど、当時はもう突っ走っていまして。TGCで配布したら、ばーっと行列ができたので、もう舞い上がって。

――なるほど、どうしてうまくいかなかったんですか。

**鳥越**　リピートがついてこなかったんですね。

――つまり1回は飲む。でももう1回飲みたいと思ってもらえない。

**鳥越**　あと、飲む前に振らなきゃいけないのもよろしくなかった。製造後にある程度固まってしまうので、自分で崩すことが必要なんです。当時は「いいじゃないか。振って飲むおとうふなんてなかなかないし」みたいな。

――ないない（笑）。

**鳥越**　この後、抹茶味も出しました。当時はもう、ハワイとLAからすべてのトレンドが来るんだ、と、この業界の方が言っていたので。

――この業界ってレディースファッション関係ですか。

**鳥越**　そうです。女の子たちのトレンドはそこから来るんだ、って。実際に見に行くと抹茶が向こうではキていたので、じゃあ抹茶でと。まあ、見事に売れなかったです（笑）。

――自分のどこかで「これでいいの？」という声が小さくありつつも、いやいや、どんどん進めとやっていた。

**鳥越**　そうそう。やっぱり新しいものをつくるときってお客さんを含めて誰に聞いても答えなんかないじゃないですか。うちも市場調査って、お金がないという理由もありますが絶対にやらないんです。「どんなおとうふがいいですか」なんて聞いたって……。

――白くて四角いのがいいかな、という感じですよね。

**鳥越**　ですよね。「そうね、国産大豆がいいわね」みたいな。

――つまり、もうあるものしか出てこない（笑）。

**鳥越**　だから突っ走りまくりまして。

## 「変なの」という感想が意味するもの

――ああ、もしお客さんに理解してもらえなかったり、売れなかったとしても……。

**鳥越**　そうそう。「変なの」「やっちゃったね」と言われたら、それはお客さまの想像の外に出た証拠、ではあるわけです。だから、売れなかったのは事実として、自分としては別に凹まない。世界を広げることができたなら、あるいは、数が少なくても「おいしい」「面白い」と言っていただける方がいたのなら、もう「成功」と言ってもいいんじゃないか、くらいの気持ちです。

―― 反省しないんですか。

**鳥越** しません（笑）。

そしてこういうトライアルを繰り返しているうちに、「また相模屋が何か出してきたよ」と思っていただけるようになって、そしてようやくヒット商品が出始めた。

―― ツボがわかってきた、みたいな感じですか。

## 引っかかりを作って引っ張り込む

**鳥越** いや、ツボはまだわからないですね。お客さまもなぜ買う気になったのかは、実はわからないんじゃないかと思います。

―― とはいえ、ポイントは見えてきたんじゃないですか？

**鳥越** そうですね、まず「うにのような」とか「カルビのような」とか、「あなたの知っているあの食材」で引っかかりを持っていただく。

――ウニは好き、だけど、カロリーとか健康とか値段とか考えるとちょっと、みたいな需要を、豆腐と絡めることで「ヘルシーかつお手頃に摂れますよ」みたいな。

**鳥越** それが一つ。ただし、最近また売れている「マスカルポーネのようなナチュラルとうふ」の場合は、「マスカルポーネが欲しい」というお客さまは購買層にはならないと思うんです。

――じゃあ、誰が買っているかというと。

**鳥越** こちらは「おとうふを食べたい」という気持ちがまず存在して、「マスカルポーネみたいなのね、オリーブオイルで食べるとおいしそう」と理解してお買い求めいただいているんじゃないかなと。まとめると、「はっきりしたイメージがある、嗜好性(癖)が強い食べ物」という切り口があって、そこに2つの入り口がある、のかもしれないですね。

――マスカルポーネのようなナチュラルとうふ、売れているんですか。

**鳥越** はい、これが売れるようになりまして、スーパーさんでまた置かれるようになりました。これ、ナチュラルとうふとしては最初の、もう9年前に発売した商品なんですけれども。

――9年前か。

**鳥越**　こちらからすると「え？」という。再建会社が自社のお宝商品を「そんな昔のは、もう売れないよ」と言っているのを「もったいない！」と怒っていたんですが、それと同じことを。

――自分でもやっちゃったという（笑）。

**鳥越**　お恥ずかしい（笑）。ナチュラルとうふが令和になって売れるんだ、と驚きました。

――つまりは失敗を恐れず球を投げてみるしかないということでしょうか。

**鳥越**　はい。

## 数字で見れば延々と失敗続き

――ただ、自分たちの「既存イメージの外に出られたんだから、成功だ」という思いとは別に、外側から「いや、これ、大失敗だよ」とやっつけられちゃうことはありますよね。こだわりが受け入れられないということは、独り善がりの失敗、という見方もできる。やっぱり数字がないと、反省ができなくて繰り返すよね、と。

**鳥越**　なるほど。

――　そのあたりはどうですか。自分の中に何か、「ここまでいっちゃったら真剣に失敗だと思ってやり直さないと」みたいなラインがあったりするんでしょうか。

**鳥越**　そういうのは、ないかもしれないですね。「うまくいくまでやっちゃえばいい」くらいに思ってますね。

――　あら。

**鳥越**　私は数字は決して苦手じゃありませんので、もし新製品を数字で評価したらどうなるかは、もちろん認識しているんですよ。成功と失敗で2つに分けたとしますと、成功したのは、たとえば「ひとり鍋」シリーズや「おだしやっこ」。「ビヨンドとうふ」のほうは、延々と失敗ばかりです。

――　あー、そうなんですか。

**鳥越**　いまは「うにのようなビヨンドとうふ」がありますし、「BEYOND TOFU ピザ・シュレッド」がありますし、マスカルポーネが売れてきているし、「カルビのようなビヨンド油あげ」ですとか、おかげさまであいうのが売れてきている。だけど、そこまでの実績を数字で判断したら、失敗以外の何物でもないんです。

## 「いいかげんやめてくれ」と言われた「のむとうふ」

**鳥越**　さっきの、のむとうふはTGCに出して、ばーっと女の子たちが行列をつくりました、これは、自分の中では一応成功なんですよ。なんですけれども、実際の売り上げが立たない。「ザクとうふ」を出したときは流通の方から「お前、遊んでいるな」と言われましたけど、のむとうふは、「いいかげんにやめろ」とよく叱られました。PRもするな、と。何でかといいますと、そうやって目立つPRをされるとお店としては困るんです。お客さんから「欲しい」という声が1つでも出たら、そのスーパーさんは売り場に置かなきゃいけないので。「こんな売れない商品を何でうちが置かなきゃならないんだ、さっさとやめろよ」と真顔で言われまして。

――きつい。

**鳥越**　でも何も言えないんです。売れてないですから当然ですね。TGCの会場でこんなに盛り上がりましてと一生懸命言うんですけど、「いや、いや、だってさ、20歳とかそのぐらいの女の子がうちの店に来る?」と返されたら、「うーん、来ないかもしれないですね」と(笑)。

――それもまた笑い事じゃないですねえ。

**鳥越** 当時、本当にご迷惑をおかけしたと思っています。ただ、15年の、マスカルポーネのようなナチュラルとうふのTGC出展、そして発売してからそろそろ10年近くが経って、もしかしたらTGCを介して相模屋のビヨンドとうふに触れた世代の人たちが、家族ができて、スーパーのメインユーザーになって、デイリーの売り場で「あ、あの相模屋だ」と言ってもらえるようになったんじゃないかと。ナチュラルとうふが売れ始め、ビヨンドとうふ全体にヒット商品がばーっと出てきたので、これはもしかしたらそういうことじゃないでしょうか。

――……うーん、そうかな？

**鳥越** わかりませんけどね（笑）。私、社長ですので、いかようにも言いわけができる立場でもありますので、「いや、これは10年がかりの成功なんです」と言おうと思えば言えるわけです。Yさんはザクとうふの頃から取材していただいているので、素直に「そうかな？」と言っていただきましたけれども、初めて会った方だったら信じていただけるかもしれません。そして、本当にそうかもしれませんよね（笑）。

――初めて聞いたらそのまま信じちゃいそうですね。

## 数字は数字、「成功」「失敗」と切り離して考える

**鳥越**　ということで、成功したと考えることもできる。でも、数字で失敗か、失敗じゃないかと聞かれたら、胸を張って「失敗でした」と言いますね。失敗の連続で、赤字を垂れ流した。一方では、ひとり鍋とかおだしやっことか、収益源が育ったので、経営上は問題なかったですけれど。

ひとり鍋シリーズは売れて売れて売れて、どんどん広がって、大きな柱になっています。だけど、「顔」にはなってないという感じです。「相模屋ってあれでしょう、ひとり鍋の」と言われるお客さまはそれほどいらっしゃらないです。商品をお見せすれば「ああ、私、食べていますよ」と言って頂けるお客さまはいらっしゃいますけど。

――実需を持っている。でもイメージリーダーではない。

**鳥越**　はい。そしてビヨンドとうふは、「相模屋、あ、〝うに〟でしょう？」という。

――違和感というか、キャラ立ちというか、引っかかりまくりますもんね。

**鳥越**　はい。数字は数字で大事ですし、売れなくて凹んだ分を取り戻す算段は必要です。だけれど、それって数字を分析して次に生かせばいい話で、「失敗した」と、自分をぶん

殴って凹ますために数字を使って、どうするんだろうと。
　強がりに聞こえるかもしれませんけれど、「数字」と「成功・失敗」は切り離したほうがいいと思いますよ。むしろ、新製品を出したのに誰にも「変なの」と言ってもらえなかったら、私にとっては失敗なんです。まして社内の企画会議で「あ、今回のは珍しく意味がわかりますよ。社長、いいですね！」なんて言われたら、「やばい、どこかで日和ったんだ、最初からやりなおそう」って本気で思いますから（笑）。

――数字の世界に生きる銀行さんは、そういう鳥越社長の経営をどう思っているんでしょうね。もっと儲かるんじゃないですか、とか言われません？

**鳥越**　言われます言われます、すごく言われます（笑）。ちょっと利益率が落ちるたびに、銀行さんからは「救済再建とかやらなきゃすごくエクセレントな会社なのに」と。

――ですよね。

**鳥越**　私は「通年で黒字になる見通しがあれば、途中赤字になっても問題ない」と考えているんですが、月間で赤字になると、もう、皆さん、ものすごく表敬訪問にいらっしゃいますね（笑）。
　これまでほぼ来たことがない銀行さんもいらっしゃって、「赤字ですね」と。「これはこれこれこういうことで」と理由をご説明しても、「なるほど、でも、赤字ですね」（笑）。予定通り黒字に戻したらぴたっと止まりましたけど。最初に言いましたが、うちでこれだったら、株主からも厳しく監視されるであろう上場企業の経営者の方は、さぞ大変だろうなと思うわけです。

## おいしさを追求して、そこそこの利益ならヨシ！

――利益を上げるのは経営者の義務、使命、という考え方もありますが。

**鳥越** それはそれで素晴らしいと思います。利益は追求しなきゃいけない。けれども、割り切ってしまえば、うちは別に上場しているわけじゃないので、救済M＆Aで地方の宝物のような会社を見つけて、自分たちがつくりたい、おいしい、あるいは変な（笑）おとうふをつくって、従業員にも還元ができて、何よりお客さまにも喜んでいただけるなら、そこそこの利益があればいいんじゃないか、というような考えを私は持っています。

利益率も株価もけっこうですが、それよりも「うちはおいしさ追求をする会社なんだ」と胸を張って言いたい。「利益追求じゃなくておいしさ追求です、何が悪いんでしょうか」と言えるようになりたいなと。

――とはいえ現状、豆腐ではシェアトップなんですよね。だったら価格決定権もありますよね。この際、値上げすればウハウハだったりしませんか。

**鳥越** ああ、それも言われます。「値上げして、もっと利益率を上げましょう」と。ただ、利益率の低さも参入障壁の一つじゃないでしょうか。売上高経常利益率が3%を超えると、大手さんが入ってくる。これまでの経験値ではそうですね。

――なるほど。

**鳥越** と、利益率の説明をしまして、それを超えて儲かった分は従業員への還元や、地方のおとうふ文化を守るM&Aなどに充てますと。うちは地銀さんがメインなものですから、「私たちがやっていることは、地方創生や地域の活性化に寄与します」というご説明が通るわけです。

### [ この章のポイント ]

❶「変」と言われるのは、ユーザーの想像の枠を超えた証。

❷数字は数字で重要。だけど「失敗」「成功」とは別のモノサシ。

❸利益の追求〝だけ〟が、会社経営の目的ではない。

# 第7章

# 「拡大と効率を信じていた頃の話をしましょうか」

# 仕事が楽しくなくなったあの日 やりたいことをやろうと舵を切る

**経営者にも、いや、経営者だからこそモチベーションは重要だ。拡大路線の最中で経営が「むなしくなった」鳥越社長は自分の「主観」で会社を引っ張っていこうと決意する。**

――そもそも、「ザクとうふ」の取材で私が初めて鳥越さんにお会いしたのが2012年。この年に発売して話題になったザクとうふですが、相模屋が大きく成長したきっかけは、実は06年の「第三工場」の稼働でしたよね。

**鳥越** そうですね。売上高が30億円ちょっとの時代に40億円を超える投資をして。

――当時、取引されている銀行さんも取材しましたが、「数字だけで判断したら簡単に

第三工場のライン。ベルトを流れる豆腐に、産業用ロボットが上からパックをかぶせる。通常の水中でのパッキングに比べ高速で、熱いままパックできるので賞味期限も長い

融資できる金額じゃない。でも、地銀は経営者のビジョンに共感して貸すことができるんです」と、おっしゃってました。その期待に見事に応えたわけで。

**鳥越** そのとき協調融資に応じてくださった銀行さんが、いま、救済M&A関連の融資もしてくださっていて、ありがたいなと思っています。

――その当時に、すでにいまにつながる構想をお持ちだったんでしょうか?

**鳥越** いえ、そうではなかったです。

当時、すでに個人、中小の豆腐メーカーの倒産が増えて、スーパーさんは「質のいいおとうふを安定かつ柔軟に供給してくれる会社が欲しい」と考えていた。

お話ししたように、おとうふは日配品で、まとめてつくって置いておくことができないのに、需要の波が大きい。

そこでSKU（ストックキーピングユニット、在庫管理上の最小品目数）を370から143に減らし、産業用ロボットを導入して時間当たり生産数を通常の4～5倍にできる第三工場をつくった。大口の納品先も見つかって、成長軌道に乗ることができたわけです。

――当時、このお話を聞いて、ザクとうふという、いわば色物で目立った会社が、実は木綿と絹という量産品をつくる最新の大型設備を整えていたことにびっくりしました。

## ザクとうふを出すまでは「効率」を信じていました

**鳥越**　ですので、当時は自分も、ここまでこてんこてんに言ってきた「生産効率」こそが善、という考え方だったと思います。一つ、他社さんと違いがあったとすれば「おいしさ」「品質」にもこだわりがあったことでしょうか。

――「数字には表れない部分」についても、意識していたというわけですね。

**鳥越**　はい、入社以来、自分でおとうふの製造にハマって、おとうふをつくる面白さや味の変化の不思議さに目覚めてはいたので、「効率だけではなく、味も追いたい」と思っていました。

第三工場も、量産効率はもちろんですが、品質を向上できて賞味期限も長くできるホットパック工程を入れて、ロボットまで使って。そして、ここまでやったんだから「魅せる工場」にしちゃえ、と。

――ベルトを流れてくる豆腐に産業用ロボットのアームが、次から次へとパックをかぶせていく。豆腐をつくるのにここまでやるのか？　と、ぽかーんとして見ていた覚えがあります。

**鳥越**　あの頃はうちも機械化・効率化を信じてやっていたんだと思うんですね。おいしさを求める、というスパイスがあったとしても、やっていることとしては大量生産。だけど、売上高100億円を超えて次の成長ステップに行くぎりぎりの、ちょうどザクとうふを出すところで、その前提を捨てたんです。

危うかったと思います。第三工場に続いて揚げ製品（油揚げ、厚揚げ）の芳賀工場も稼働して、稼働率も出荷数も上がって、売り上げは伸びて、しかもですね、これって儲かるんですよ。利益率も上がっていくんですよ。本当なら嬉しくてたまらないところですよね。

――ですよね。設備投資が奏功して、売り上げが伸びて、経営指標もどんどん改善していく。それは経営者としては、普通に「大成功」じゃないですか？

## 売り上げは伸び、利益は増え、そして「むなしくなった」

**鳥越** 最初は確かにそうでした。大きな工場をつくって、おいしさも意識しつつ賞味期限が延ばせたので、物流さえ手配できれば、うちのおとうふが群馬県を越えて、いろいろなところで売れるようになりました。「いいですね、これを一斉に広げていきましょう」となって、地方の豆腐メーカーさんのM＆Aにも着手して、途中までは楽しかった。「これが事業というものだ」と思っていました。けれども。

――けれども？

**鳥越** ここはぜひYさんにはわかっていただきたい名セリフがありまして、「何の昂揚感もなく、ただむなしい自分を見つけた時、おかしくなったのです。自分に笑ったのです」。

――えーと……。あれ？　いいところなのにすみません、誰のセリフでしたっけ。

**鳥越** シャアがキシリアに言ったセリフ[※1]です。ご存じかなと思ったんですけど。

――ってことはファーストガンダム、「機動戦士ガンダム」ですよね、おかしいな、だいたい覚えているはずなのに。

**鳥越** ただしテレビじゃなくて映画版の。

――すみません、映画版は押さえていませんでした（笑）。

**鳥越** いえいえ（笑）。このセリフに重ねて言えば、目的を達成したと思ったまさにそのときに、自分がその目的だと興奮しない人間なんだと思い知った、といいますか。

――それでむなしくなった。でも経営者なのになぜ数字には興奮しないんですかね……。

**鳥越** 「おとうふのおいしさって何なんだ、素材か、豆乳づくりか、寄せか、どうすればもっとおいしくなるんだ」という奥深さ、面白さを、相模屋入社後に身をもって知っていたこと、そしてもう一つは、最初の救済M&Aでの経験ですね。前にも触れましたが、効率だ、数字だ、とごり押しして、現場の人のやる気をすっかりだいなしにしてしまった。これじゃダメだと。

自分がやりたいのはいまやっている規模と効率の正反対、各地の豆腐メーカー、おとうふ屋さんのすごい技術と、それを支えてきた社員さんといっしょに、宝物を見つけながらつながりを広げていくことなんだ。数字という客観よりも、自分自身の主観を優先する。

それが私の事業のあるべき姿というか、思想なんだと気づいたわけです。自分の考え方、主観に従うほうが楽しいし、面白いし、やりがいがある。だからアイデアも気力もどんどん出てくるんじゃないですかね。

――ああ、数字目標を置かないのも、気持ちが主観から数字という客観に引っ張られないため、と考えると理解できますね。

**鳥越** 数字があると「どうやってこれをクリアするか」をどうしても先に考えますから。

――売上高は目標ではなくて、やりたいことをやった結果。やりたいことをやったほうが数字が伸びるんだからそれでいいじゃないか、ということですか。ちょっと意地悪な見方かもしれませんが、自社工場を建てる代わりに、地方の豆腐メーカーさんを救済M＆Aすることで、生産設備と商圏も手に入るわけですよね。

## 効率重視でやっていたら、安売りに走ったかも

**鳥越** そうですね。同じ効果になるのかもしれません……いや、自社でやるのとはやっぱり違うかな。

――そうだ、自社でやっていたら限界があるとおっしゃっていましたね。もし、第三工場のような、新規工場建設によるエリア拡大と、量産戦略を採っていたら、いまごろどうなっていたかというと……。

**鳥越** はい、申し上げた通り年商150億円くらいで頭打ちだったと思います。

――ただ、再建より自社工場のほうがずっと楽に稼働できるとも言ってましたよね？

**鳥越** それもその通りです。ですが、建設・稼働にかかるコストも大きいですし、自分の好き勝手な場所につくれるわけでもない。技術や人材の幅もうちだけでは限られています。中小企業ですから。だから早い時点で拡大に限界が来る。そうなるとどうなるかと言えば。

――言えば？

**鳥越** 結局、「いま持っている市場でシェアを拡大しよう」となって、無理な安売りに出たりしていたかもしれません。失速していたのは間違いないと思います。

自分の工場を増やすのではなくて、救済M&A、いわば新築じゃなくてリノベーション戦略に切り替えたことで、最初はたいへん苦労しました。でも企業再建のノウハウが積み上がって、救済した企業の早期黒字化ができるようになり、そこの社員さんと技術がグループに加わる形になった。だから成長を続けることが可能になった、ということですね。

――ここまで読んできた方はきっと「いったいこの人、雪印乳業ではどんな社員だったんだろう」と思わずにはいられないでしょうね。サラリーマン離れした、島耕作みたいな人だったんでしょうか。ちなみに「島耕作」シリーズ（弘兼憲史作）は読んだことはありますか？

**鳥越**　読んでます。なので断言しますがシマコー先輩とは全然違いますよ（笑）。まあ、普通の営業マンで。

――そんなわけあるか、という気がするんですけど。1996年の入社から、2002年の相模屋食料入社までの間、どんなサラリーマンだったのでしょうか。

## 鳥越社長のサラリーマン時代を覗いてみよう

**鳥越**　う〜ん、私、雪印乳業の中では、いろいろなことを考えるタイプだったとは思います。商品の特徴をどうやってわかりやすく見せようか、ということを一生懸命考えていたんです。

というのは、私は営業マンですから、「出てくるものを最大限売る」というのが仕事で、

「何が出てくるか」というところには触れないんです。

――なるほど。

**鳥越** 思い返してみると、商品単品を売るというよりは、「雪印」の全体観、ラインナップで押していくやり方をしていましたね。商売も戦争（ガンダムの）も、単一の機体、製品の性能で決まるわけじゃなくて、大きく絵を描いたほうが打つ手は増える。まあ時々、アサヒビールさんのスーパードライのように、手のつけようのない新兵器も出てくるから面白いわけですけれど。

――ウッディ大尉のセリフ[※2]を思い出すべきところですね。

**鳥越** 一方で、品ぞろえのための商品、ぶっちゃけて言いますと「これは競争力がいま一つかな」というのもあるわけですが、売り場全体をうまくつくり込めば、それだってお客さまにアピールすることができる。簡単な例では商品の「松竹梅」をわかりやすく見せる。フルーツヨーグルトとかのありがちな商品でも、売り場で「これはフルーツ入りの中でも、ちょっと高級品、〝松〟なんですよ」と見せれば、「なるほど」とピントが合うわけです。

単品の力に頼り切らず、全体の文脈でフォローすることによって、商品の狙いが伝わりやすい売り場をつくって押し出していくというのは、確かに得意としていました。

――先に触れた売り場の見せ方のお話ですね（103ページ）。そういえば、担当しておられた北関東のスーパー「フレッセイ」さんで、メーカー横断のフェアをやったとか。

**鳥越**　「デザートバイキングフェア」ですね、懐かしい。お店のデザートをよりどりみどりで3個いくら！　と。

――自社だけじゃなくて他社まで巻き込んじゃったんですね。

**鳥越**　営業ですので「お客さまに面白く思ってもらえるかどうか」ということを、社内の事情よりも先に考えますから。当然、お取引先にもメリットがあるわけです。いまでこそ「雪印って大きかったな」と思うんですけど、当時の自分の中では食品業界のトップ層にいるとは思ってなかったので、たかだか牛乳と乳飲料とヨーグルトとバターとチーズと冷凍食品とアイスしか……。

――しか、って、十分すごいじゃないですか。

**鳥越**　しか、と思ったんですよ、当時は。ですので、雪印が他社さんと組んで提案できる売り場ってまずはデザートだろう、これしかないと。それでやってみたら思いのほかうまくいきまして、ようし、じゃあ次はもっと幅を拡げて、味の素さんとかエスビー食品さんとかフジパンさんとも手を組んで、お店全体でコラボしようと。まだ「コラボ」なんて言葉はなくて、「チームプロモーション」とか言ってましたね。

——へえ〜、なんだかワクワクしますね。この頃おいくつですか。

**鳥越** 入社3年目でしたね。

## 外から見るからこそ「褒めるべきポイント」がわかる

——まだ全然駆け出しじゃないですか！　さぞ社内で評判に。

**鳥越** 「いやー、鳥越君のやっていることはすごいよね」と。

——褒められますよね。

**鳥越** そして「だけど、それって誰でもやればできるよね」と続くんですよ（笑）。一度やったことって、後から見れば「そりゃそうだよね、そうすればできるよね」となりますよね。

——……なりますね。

**鳥越** でもそういうことを言う人は、たいていやってみせる前は「そんなことできるわけがない」と断言していらっしゃるんです。そういう人に「できましたけど」と、面と向かって……は言いませんが（笑）、胸の中でどうよとガッツポーズをしているという。

――あはは、でも社外とのコラボレーションはどうやって実現できたんでしょうか。

**鳥越**　再建会社で、工場の人たちと話すときと一緒かもしれません。「なんといってもここ、ここがすごいよね」と、相手が「ここを評価されたい」「わかってほしい」と思っているポイントを突けるか、というのは当時もめっちゃ考えました。

「社内の人も気が付いていないけれど、自分はこの製品でここを頑張っているんだ」「この商品を売り込むために、こういう工夫をしているんだ」というポイントって、他社の目から見ると案外、ぱっと見えたりするんですよね。そこを話せば、少なくとも「こちらのことを真剣に考えているんだな」ということは伝わりますし。その上で「こういうことを実現できたら、面白いと思いませんか、お客さまにとって新しい意味があると思いませんか」と口説く。

――なんとなく思うんですけれど、世界観とか、大前提とか、そういうのを考えるのが鳥越さん、大好きですよね？　そして、現状維持に関心が低い、というか、ない。

**鳥越**　うん、会社員であろうが経営者であろうが、環境はまず「与えられた」ところから始まるわけです。そうですよね。

——はいそうです。

**鳥越** だとしたら現在の状況で、与えられた環境で、その中で動くのか、与えられた環境自体を変えたり、もう1回つくり上げるか。私は変えるほうを選びたいと、会社員の頃から思っていました。

環境自体をもう一度ゼロから創造したら、どういうものになるんだろうと。相模屋で言えば、「おとうふ」という最初の基盤は絶対に変わらないですけれども、じゃあ、「おとうふの世界自体を変えちゃえばいいんじゃないか」という感じですね。自分のペースにしちゃえばいいじゃない、と。中途半端は嫌なんです。

## 「この業界の人には、中核商品を革新する考えが本当にないな」

——ゼロからの創造を考えちゃう。そういえば第三工場への投資も、当時の社長だった鳥越さんの義父（江原寛一会長）はやりたかったけれど、社内は大反対だったと。

**鳥越** 売上高を超える投資ですからね。でも、私もどうしてもやりたかった。「ただつくって、ただ売って、お金を頂いて、ただ回していく」というのは、自分が考えている仕事とは違うだろうということですね。なので、「ここでこの投資をやらなかったら一生このままだ。このままでも確かにやりがいもある。けれど、俺は平行線は絶対に嫌だ。やるんだったらどーんといきたい」と智香子に言いまして、あ、智香子は妻の名前なんですけど、妻も賛成してくれたので、お父さんに「やりましょう」と。

——おおっ、かっこいい。

**鳥越**　振り返ると「社長のお嬢さんと結婚して相模屋に入社してきたけれど、大企業の社員がうちでどこまでやれるのか」と周囲から見られていたと思います。入社以来死ぬほどおとうふを勉強したこと、そしてこの第三工場をきっかけに、「この人は相模屋と一蓮托生（いちれんたくしょう）だ」という姿勢が、家族にも社員にもわかってもらえたのかな、というのもあります。

——この第三工場にどーんと投資したことで、木綿と絹というベーシックな商品で、大口の需要と信頼を勝ち取ることができたわけですが。

**鳥越**　はい、バージョンアップではなくて革新、一年戦争で言えば、戦艦の改良ではなくてモビルスーツを開発した、というようなものじゃないかと、いや自分で言って照れますね（笑）。

——どうしてそこまで大胆なことができたんでしょうね。

**鳥越**　先ほどの話と同じように、やっぱり私が異業種から来たことが大きいんでしょうね。当時から「豆腐業界の方々は、メイン中のメインである、木綿と絹をどうにかしよう、という考えがほんとうにないんだな」と思っていましたから。最大規模のボリュームゾーンがおそらく20年くらい何も考えられず放っておかれている。「もしかしたら、これはすごいチャンスじゃないのか」と、スーパーに雪印乳業の商品を売り込みながら、頭のどこかで考えていたわけです。

## 社運を賭けた工場で取引先から超ダメ出し

**鳥越**　もっとも、その第三工場も稼働するまで大変でしたけどね。ど素人の自分が工作機械やラインのことをゼロから勉強しつつ、「できない」「無理」と言うメーカーの方にあれこれ食いさがって、やっと竣工して、そこに、大口の注文を出していただこうと必死で商談に漕ぎ着けた生協さんが見に来られて、言った言葉が「ええっ、こんな大きな工場をあなたたちが動かすんですか？」だったという。

――えっ。

**鳥越**　「あなたたちのレベルで、この大きさの工場は管理できません、何を考えているんですか」と。あれですね、キシリアの「おふざけでない。まったく問題にならぬプランです」[※3]という（笑）。完膚なきまでのダメ出しでした。

――うひゃー。それを言われたのはどういう場面で。

**鳥越**　生協さんの方に朝礼に参加していただいた時ですね。

――え……人前というか、社員さんたちと一緒にそう言われた。

**鳥越**　はい。生協さんの方から「いろいろ指導しても工場の人たちに伝わっているのかどうか、わからない。だから自分で社員の人に直接話したい」と言われまして。その朝礼で、「あなたたちがこれから取り組まなきゃいけない第三工場、この規模と責任を認識しているんですか、現在の状態ではあなたたちには管理はできません。生協としてもお任せできない。気持ちを入れ替えてやってもらいたい」と。

## プライドを振り捨てていたから稼働できた

――いたたまれないじゃないですか。

**鳥越**　いや、これが良かったんです。「男子の面子（メンツ）、それが傷つけられても勝利すればよろしい」[※4]というと格好良過ぎますが、実は当時、メンツとかはもう私にはなかったので。なかったというか、私どもが一番良かったのは、「プライド」とか、「誇り」とか、そんなものを振り捨てることができたことですね。確かにいままでの工場とは規模が違いますから、そのままの気持ちで稼働させていたら、おそらくひどいことになっていたと思います。

――うーん。

**鳥越**　プライドがないので、「ということは何ですか、ちゃんと管理ができるように、生協さんの方から教えてもらえるということですか」と思えたわけです（笑）。これは大きなチャンスだなと。

そういうふうに向かっていくと、生協さん側も、あっ、食い付いてきたな、こいつらはたぶんやるだろうな、という信頼感につながっていきますので。

大きなことから細かいことまで、たぶん1000項目以上あったと思うんですけれども、たとえば「チェックシートはこういう項目になっているんですが」「で、相模屋さん、この項目は何のために設けられているのかわかりますか?」「すみません、わかりません」「わからないなら書かないでください。あとここの○×ですが、マルにするはどういう基準で?」「すみません、はっきりとはわかりません」「じゃあたぶん、何も考えずにみんなマルを付けていますよ」といった調子で。で、実際に近くにいる社員をつかまえて聞いてみると、やっぱり、ぼんやりした基準で○×を付けているという。

――仕事っていつのまにかルーチンになりますからね……。

**鳥越** でも、次に生協さんの方が来られたときには確実に、「ここはこれこれこうだからマルです。ここは○×じゃなくて数字で書きます。こちらの基準値が75度から85度なので、84度であればオーケーです」ということが一つひとつ言えるようになってきて。

――これって、数字とスイッチ操作だけで工場は動く、と考えている「一般の人」から、数字に出ないところまで理解するプロになるまでに、鍛え上げられたってことですね。(40ページ)

**鳥越** たしかに。そういうことですね。

――先方は何度ぐらいいらっしゃったんですか。

**鳥越** 1週間に1回は来られていました。泊まりがけのことも。

――向こうも相当な気合ですね。

**鳥越** はい。我々が叱られてもへこたれずに「言われたことは全部やる」という姿勢で臨んだこと、そして、相模屋がある群馬県は関東甲信越の交通の要衝ですので、ここにおとうふから油揚げなどのフルラインを安定供給できる企業があれば、と、期待はしていただいたのでしょう。

第三工場は、ロボットの部分は我々のオリジナルですが、生産の基盤の部分は、生協さんといっしょに創っていったと思います。拡大の基盤をつくってくださって、足を向けて寝られません。

## 相手の「主観」の理解を試みる

――話を戻しちゃいますけれど、雪印の営業マンだった頃から、豆腐の棚も見ていた、というのもちょっと驚きではあります。そういえば、再建企業の職人さんが「こだわっていること」に気づくというお話もありました（26ページ）。こうしたことに気づけるのって、やっぱり才能ですかね。

**鳥越**　いや、才能、というのとはちょっと違うんじゃないでしょうか。おとうふならおとうふ、雪印だったら雪印、そのスーパーさんだったらそのスーパーさん、そのことをいつも考えていると「こういうことじゃないか?」と気づくんだと思いますよ。

――お客さん、クライアントが困っていることに気づくこと、職人が褒めてほしいことに気づくこと……。そうか、これって「相手の主観」を理解すること、ですかね?

**鳥越** そうかもしれない。相手も主観、こちらも主観、お互いの主観を理解し合えば、そりゃ強いし、いい仕事ができますよね。

もちろん「たかが仕事、そこまでやらなくてもいいじゃないか」という考え方もあると思いますよ。第三者目線というか「客観」で、誰が聞いてもそりゃそうだなと思う提案、数字で納得できる合意を経て、毎回60点、70点ぐらいを狙っていく。それは省エネで効率はいいかもしれない。でも、一生5万点は取れないだろうな、という。

## やりたくてやっている仕事は「縁」を呼ぶ

――お互いが主観と主観でぶつかり合うのって、やたらとエネルギーが必要になりそうですね(笑)。

**鳥越** その通りなんですけれど、主観がお互いに噛み合って気持ちよく仕事ができると、エネルギーを放出しながらチャージもしてもらえるようなことってないですか（笑）。そして、そういう仕事って、人と人の意外なつながりを呼び込むんですよね。

――と言いますと。

**鳥越** 自分の話で言うと、「やりたい、やってみたい」を原動力に、計算抜きの過剰な熱気で、異分野や新商品に突っ込んでいくとですね、これまでだったらとてもお付き合いできなかった大手企業さんと、なぜかお仕事でつながりができてくるんです。先方からも「そういうことはやったことないな、面白いね」と言ってくれる人が前面に出てきて。

――ああ、「類は類を呼ぶ」んですね（笑）。向こうにも鳥越さんみたいな人がいて、普段は自分の熱を持て余していて、そこに「何それ、面白そう」な話を持ち込むもんだから火が付いちゃう、ってことじゃないですか。具体例ってありませんか？

**鳥越** あります（笑）、すごいのが。20年に「百式とうふ」[※5]というのを出したんですけれど。

――ああ、ありましたね。いまのところ、「Gとうふ」[※6]の最終版の。

**鳥越** Gとうふの究極として開発したんですが、コロナ禍の真っ最中で。それでもいろいろ新しいことができました。百式といえば、金色のモビルスーツ。しかし、さすがに金色のおとうふはつくれない。そして、Gとうふは子どもの頃にガンプラを買ってもらえなかった私の思いの表れでもあるわけです。で、プラモデルといえば、塗装。

――ガンダムが絡むともう手が付けられませんね（笑）。で、塗装？

**鳥越**　おとうふが金色にできないなら、金色で塗ってしまえばいい。そこで様々なソースを試して、金色にできないか試しました。ひとり鍋シリーズのヒットで、食品メーカーさんから、たれのアイデアの売り込みをたくさん頂けるようになったんですね。でも、なかなかうまくいかない。

## 「君……何をやっているの？」

ある日、某大手食品会社の役員の方と会食の機会がありまして。その方は特にガンダムにこだわりはお持ちではないのですが、おそらく秘書の方などから「鳥越はガンダムの話をすると喜ぶ」と聞かされていたんでしょうね、シャアのセリフを振ってくださった。

――なんてことを（笑）。

**鳥越**　そこで、私はすかさず食いついて「御社のお力で、おとうふに塗る金色のカレーソースはできませんか、はい、金色です。光沢がある金色。おとうふをちゃんと塗れるような粘性があるとうれしいです」と。

――さぞ驚かれたでしょうね。

**鳥越** かもしれません。でも、ご協力が頂けることになって。というのは、この会社のカレーの主力商品を担当している技術者の方が、ガンダムがお好きで。「よし、何が何でもやってやる」と。

――うわ（笑）。

**鳥越** ソースには金粉が入っていまして。

――そりゃ原価がすごそうですね。

**鳥越** はい、技術者の方が持ってきてくださったサンプルの小さな袋1つで2500円だそうで。「君……何をやっているの」と、同席した部長さんが思わず口走っていましたね。見事に金色になりましたが、残念ながら味がちょっと。そこから改良を重ねていただいて。

――無事ソースができたと。

**鳥越** そして、おとうふにこのソースがうまく載るようにするところは、例の匠屋の職人さんが頑張ってくれて。

――その方も、もしかしてガンダムが好きなんですか。

**鳥越**　もちろんです！

――すごいなガンダム。というか、そういうふうに「自分が燃えられる仕事がしたい！」と思う人が何人も、社内で息を潜めている、ということですかね。

**鳥越**　うちが「この指とまれ」と言ったところで、ネームバリューがないですし。儲けるためだけならもっと楽なお仕事がきっとあるんですよね。

でも、「こういうことがやりたい」と話させていただくうちに、本当の意味での「心の友」ができてくる感じなんですよ。「面白いことをやるんだったら俺も力を貸してやるよ、声かけてくれ」というような。

## 楽しい「居酒屋トーク」で終わるか、終わらないか

――企業間のコラボ、というより、その企業にいる「燃えたい」人が、燃える仕事に反応してくる、ってことか。燃えたい人が、大企業の技術力をフルに使って強力してくれるなら、そりゃあ一騎当千でしょう。じゃあどうやったら、そういう人に火を付けられるの

かといえば、やっぱり提案する側の真剣さ、本気さ、それが伝わる考えの深さ。

**鳥越**　居酒屋トークで「こんなことやってみたい」という話って、よくあるじゃないですか。手前みそながら自分が違うのは何かというと、それを実現まで持っていく気でちゃんと考えることだと思うんです。そうすると、居酒屋で話すときも本当の本気モードで話すし、それが周りに伝わると、「どうやったらこれできるんだろうな」とみんなが思うようになる。ザクとうふがそうでした。

――豆腐じゃないにしても、「ガンダムを題材にして何かやりたい、俺だったらこうするのに」と言う人は日本には少なくないでしょうね。だけど、実現を前提として話しているか、それとも楽しい空想どまりかで、出会いも変わってくる。

**鳥越**　こっちはどうやったらザクとうふを実現できるかしか考えていないので、そうすると相談先との話も自然と具体的な質問になるし、となれば相手の「できる、できない」のジャッジも真剣になりますよね。

詰まるところ、好きなことを「本当にやる」気持ちでやっているかどうか。これって、最初はすごく小さい差なんですけど……。

――こっちが本気で実現したいことであれば、同じテンションの相手に出会える、あるいは相手が同じテンションになってくる。社内だけでなく、社外もそれで巻き込んでいくことができれば。

**鳥越**　ものすごく大きな差になってくるんだと思います。

[ この章のポイント ]

❶ 燃える仕事は自分の「主観」から立ち上がる。

❷ やりたいことをやっていると「心の友」と縁が生まれる。

❸ 火を付けられるのを待っている人が意外に近くにいるかも。

## 気になる人向け補足説明

※1　映画「機動戦士ガンダムIII めぐりあい宇宙編」（1982年公開）から、ジオン軍のシャア・アズナブルのセリフ。父を謀殺したザビ家に対して個人的な復讐を果したが、そこにあったのはむなしさだけだった、と、ザビ家の長女、キシリア・ザビに告白する。「時代の変革があるのならば、見てみたい。それが自分の野心です」と続く。

※2　「機動戦士ガンダム 第29話『ジャブローに散る!』」より。ウッディ大尉のセリフは「ガンダム1機の働きで、マチルダが助けられたり戦争が勝てるなどというほど甘いものではないんだぞ」。マチルダはウッディ大尉の婚約者で、ホワイトベースへの補給任務中に戦死した。彼女をガンダムで救えなかったことを詫びる主人公、アムロ・レイにかけられた言葉だった。

※3　「機動戦士ガンダム 第24話『迫撃！トリプル・ドム』」で、部下のぬるい作戦プランを容赦なく一蹴するキシリア・ザビのセリフ。

※4　※3に同じ。ガンダム好きの男子にはなかなかたまらない叱責である。

※5　「百式とうふ」は、「機動戦士Zガンダム」に登場する黄金色のモビルスーツ「百式」を豆腐で再現したもの。2020年発売。世界初の「塗るとうふ」をうたい、パッケージはプラモデルそのもの。塗装コンテストも実施された。

※6　「Gとうふ」は、「ザクとうふ」（2012年）以来相模屋が発売してきた、豆腐でガンダムに登場するモビルスーツ頭部を再現するシリーズ。ザク、ズゴック、ビグ・ザム、ドムと展開し、「百式とうふ」と「ザクとうふ改」で開発は止まっている。専用ページ（https://sagamiya-kk.co.jp/beyond_g_tofu/）には「まだだ　まだ終わらんよ！」の名セリフが。復活を期待したい。

# 第8章

# 「死角だらけの相模屋は生き延びることができるか?」

# 燃える集団と恐れられていた企業でもあっという間に「普通の会社」になる

**高いモチベーションを前提に、機動力を武器に成長してきた相模屋。しかし、成長によるリソースの充実は「普通の会社」への道でもある。独特のカルチャーと規模拡大はいつまで両立できるのだろうか。**

――仕事に大事なのは数字、すなわち「客観」……じゃない。それよりも主観、自分自身が満足できるかどうか。なぜならば、とことん考えることや燃え上がる気持ちは、自分がこう思う、という主観が出発点だから。鳥越さんの話を聞いていて、そんなふうに思いました。

**鳥越**　たとえば、学校で学級委員長になったとか、サッカー部のキャプテンだったとかって、社会的に見ると、まあどうでもいい話ですよね。

――小さい話だ、と思っちゃいそうです。

**鳥越** クラスやチームをまとめていることを誇りにするのは、小さいことかもしれない、子どもっぽいかもしれない。でも、自分自身の誇りにするのは全然いいじゃないですか。そこを低く見積もる必要なんてないんですよ。

## 「お山の大将」でいい、むしろそれがいい

――鳥越さんが言いたいのは、客観的じゃなくて、主観的に、「自分で自分を誇りに思えるようなことをやろうよ」ということになるのかな。

**鳥越** そうですね。客観評価は置いておいて、やっているあなたがどう受け止めているかを聞きたい。それで満足できているのか、やりたいところまでやれているのか。やれているなら誇っていいじゃないか。できていないなら、満足できるまで。

――やってみろよ、と。

**鳥越** はい。なんていうんでしたっけ。ああ、「お山の大将」。いい意味でのお山の大将に、

気持ちとしてなれるかどうかというところですね、大事にしたいのは。

――「お山」が何なのかは、その人の主観で決めていい。主役じゃなくて「サポート役のお山の大将」でもいいわけですね。みんながガンダムに乗らなくていい（140ページ）。

**鳥越**　もちろんです。で、「助かったよ」「いやいや」みたいな関係ができていって、全体で「やったぜ」「やったな」と盛り上がる。そういうのが理想ですね。

――自分のやりたいことと仕事を絡めて、誇りと自信を持って働くお山の大将たち。みんなそうなれば楽しそうなのに、企業が大きくなるほど、階層構造のピラミッドがどーんとできて、成功と失敗が数字で出されて、つまらなそうに働く人が増えていく、ような気がします。

**鳥越**　それはある意味、大きな企業は社内に何もかも持っているからですし、「白い塊」をつくっても売り上げが立って利益も出るんですよね。優秀な人材、豊富な資金、あるいは信用、ブランド力、販路。何もかもがあるから、新製品を開発するにしても、「誰にどれをやらせようかな、どこの会社に何の技術を任せるかな」と、選び放題でしょう。売り先も「どこに売らせてあげようかな」。となると、階層構造や数字による客観評価のほうが経営は簡単、というか、効率よくできるでしょう。

人材も資金もブランドもうらやましいですし、「どれか1つでもうちにあったら」と思いはしますが、じゃあ、自分が大企業の経営をやりたいか、と言われたら、それは違うんです。

――だってランバ・ラル隊が大好きですもんね（118ページ）。

## 敵方が弱小国という、ガンダムの設定のユニークさ

**鳥越** その通りです。話がずれますけど、私はよく思うんですが、「機動戦士ガンダム」の設定がユニークなのは、主人公がいる地球連邦側のほうが国力が大きくて、敵役側のジオン公国のほうが明らかに小国なことじゃないかと思うんです。

――あ、そうですね。普通は侵略してくる側が「ナントカ帝国」とかで圧倒的に巨大で、こっちはまともに戦えるのは戦艦1隻しかなかったりする（笑）。ところが、諸説ありますけれどジオン公国は7つあるスペースコロニーの1つでしかないし[※1]、人口は地球圏100億のうちのわずか1・5億人、国力差は30倍とされています。

**鳥越** その設定がすごいし、ガンダムの面白さの源泉なんじゃないですか。

――確かに。弱い側がジオン、というイメージです。

**鳥越** 私が一番楽しくて、ワクワクするのは、いわゆる「弱者」が「強者」に戦いを挑み、時には勝利するところです。ジオン公国には資源もない、人も少ない、資金だって乏しいでしょう。そんな彼らが、何もかもを持っている地球連邦に独立戦争を挑んで、すくなくとも一年戦争の前半は勝ち進んでいく。そこが私にとっての、機動戦士ガンダムという作品の最大の魅力です。

連邦のような大型の宇宙戦艦を数多く揃えることはできず、量産できたのはムサイ級の軽巡洋艦くらいだった。でも、その代わりに「モビルスーツ」を開発し、レーダーを妨害するミノフスキー粒子との組み合わせで、戦争そのものの形を変えてしまう。もっと喋っていいですか。

――どうぞ（笑）。

**鳥越** 「0083」[※2]では、ジオン軍のエースで、一年戦争を辛うじて生き残ったアナベル・ガトーが、全てを失った状況から立ち上がって、圧倒的に優勢な連邦軍に何度となく痛撃を浴びせる。そこに痺れます。こういうお話は私には、我々のような中小企業が、知恵と工夫と努力で大企業に対抗していく姿に重なるんですよ。

**一年戦争を辛うじて生き残ったアナベル・ガトーが、全てを失った状況から立ち上がって、圧倒的に優勢な連邦軍に何度となく痛撃を浴びせる。そこに痺れます。こういうお話は私には、我々のような中小企業が、知恵と工夫と努力で大企業に対抗していく姿に重なるんですよ。**

「天才」「専用機」と「凡人」「量産型」の対比も、ジオン軍に惹かれる大きなポイントですね。連邦軍のモビルスーツ、ガンダムは高性能だけど、あれはたまたまアムロ・レイが乗ったからあそこまでうまくいった。

―― セイラさんが乗ったときは、あわや鹵獲されそうになっていました。

**鳥越** 一方、ジオンのモビルスーツは汎用品なんです。天才でなくても努力すればちゃんと動かせる。エースパイロットも次々生まれる。そういう、「持たざる者」が戦う姿が好きなんです。ドズル・ザビ（ジオン側の指導者のひとり）は、建設用機械をベースに極秘でモビルスーツの開発を進めましたが、不出来な試作機を一目見た兄に「結論が出たな、中止だ」と申し渡されました。※3「ザクとうふ」もそうなってもおかしくなかった（笑）。

―― 持たざる者の苦しさと、可能性を信じたことが重なりますね。

## ザクとうふの意味を総括する

―― 名前が出たところで、改めてザクとうふを総括してみませんか。あれは鳥越さん、そして相模屋にとって、どういう商品だったのか。

**ドズル・ザビ（ジオン側の指導者のひとり）は、極秘でモビルスーツの開発を進めましたが、不出来な試作機を一目見た兄に「結論が出たな、中止だ」と申し渡されました。※3「ザクとうふ」もそうなっても おかしくなかった（笑）。**

**鳥越**　もちろん、あれは完全にガンダムが大好きな私の趣味でつくった商品です。そういう意味では「100%主観」の仕事ですね。

――だけど、本当にそれだけだったら、「ガンダム好きのおバカな社長の道楽」で終わったはずですよね。ところが、相模屋が全国的な知名度を得るきっかけにまでなった。

**鳥越**　それは、どこまでも真剣に、本気で「自分が納得するだけのザクをおとうふでつくりたい」と考えたからじゃないかと思います。自分がガンダムを本当に好きだから、リミッターをぶち切ってジャンプできた。

だって考えてもみてください。ザクの頭部をおとうふにして売りたい、って商品企画、これ、知らない人に真顔で話せます？

## 「社長としての責任感、あるの？」

――（黙考）いや、相当つらいと思います。普通は「ザクって何？」から始まって、よくて笑われて、悪くすると心配される。「いったい何考えてるの、趣味に走るって社長としてどうなの。仕事をしている人としての責任感、あるの？」くらい言われそう。

**鳥越**　見てきたように当てますね（笑）。最初の壁は「ガンダムの『ザク』のおとうふをつくりたいんです」と人に話すことでした。もちろん冷たい目や無理解にも突き当たるんですが、でもショックを乗り越えると、あとは「一度言われれば、何度言われても同じ」になってくる。

――いや、まあ、そうですけれど。

**鳥越**　最初はメディアの方にお見せしても「はあ」という反応で。「主役のガンダムじゃなくて、敵方のザクでやるんですか！」と、正しいポイントに食いついてくださったのはYさんが初めてでした（笑）。でも、このシリーズも回を重ねるとだんだん定着しまして、最初から「売れる」と期待されるようになりました。尖った商品から、安定感にシフトしてきた。

いまは「ビヨンドとうふ」シリーズが当時のザクとうふに当たりますね。「ウニです」「カルビです」とやると、冷めた目や、ぎょっとした表情で迎えられることがあります。でも、そういうのがいい。すごくいいんです（笑）。冷たい目で見られるとゾクゾクします。それで「いつか必ず見返してやろう」と燃えるわけです。

――鳥越さんのそういうところって、雪印乳業時代からなんですか？

**鳥越**　いや、サラリーマン時代、相模屋に入る前の私は、他人から冷たく見られたり、評価されないことが辛い人間でしたよ。最近は「人が無理解や冷たい反応を示すということは、チャンスがあるということだ。こういう人ほど、うまくいったら『あの商品は俺が育てた』と言い出すに決まってる」くらいに考えて、開き直れるようになった。「客観」ではなくて「主観」が大事なんだ、と考えられるようになりましたね。

## 他人にとっては新製品なんて、リスクの塊だ

**鳥越**　だけどサラリーマンだったら、本人が冷たい目で見られることに耐えられても、おそらくどこかで、上司か社長が止めると思うんですよ。「いやいや、お前、ちょっと調子に乗り過ぎだぞ」と。

――ああ、ありそうです。「ザクとうふなんて、それは君の単なる趣味だろう」と。

**鳥越**　「お前はいいかもしれないけど」と（笑）。

――絶対言われますね。

**鳥越**　私が再建に携わってきた会社って、まさに大手企業の子会社であればあるほどそう

いう感じでした。売り上げの予測、コストにロス率とかでがんじがらめにして。そういう組織では、新しい商品なんていうのは、リスクの塊でしかないわけです。

――新製品なんてリスキーなものをやろうとするな、何を調子に乗ってるんだと。

**鳥越**　調子のいい人をどんどん調子に乗せるほうが、会社は絶対、元気になるのに（笑）。

――そうですよねえ……。

**鳥越**　あ、付け加えますと、「冷たく見られる」ようなことを本当に実行したいなら、ちゃんと時間をかけて信頼を培うのが大事です。私が入社していきなりザクとうふと言い出したら、誰も相手にしてくれなかったでしょう。でも、2002年に入社してから10年のあいだ、真面目に木綿、絹とうふの生産ラインを整え、販路を開拓して、最大手になって、助けてくれる工場の技術者、営業の人、バイヤーさんとつながりができたから、12年にザクとうふを世に出せたんですよね。

――うっかり忘れてしまいますけれど、鳥越さんは相模屋の社長になって、すぐにザクとうふを出したわけじゃない。

**鳥越**　07年5月就任でしたから、12年3月の発売まで5年かかりましたね（笑）。

1個ザクとうふをつくるだけなら、極端に言えば個人でもできるわけです。けれど、お店に並べるには仲間が必要です。半信半疑ながら「付き合ってやるか」と言ってくれた営業の人、面白いと言って頑張ってシールを貼ってくれた工場の人、無茶な要望に応えてくれた金型メーカーの人がいて、さらにガンダムが好きなバイヤーさんたちがスーパーの棚に〝出撃〟させてくれて、それを追い風に相模屋が全国区になっていったわけです。

——そして「目的買い」であれば、豆腐売り場に男性客も呼べる、という証明にもなった。

**鳥越** はい。先に言いましたが、その後の個性の強い新製品の道も切り開いてくれました。ザクとうふで話題になって、それを背景に個性的な新製品を投入して知名度を向上し、地方の豆腐メーカーさんを救済M&Aして、全国に地盤を拡げ……。

——おおお?

**鳥越** みたいな、すべて計算通りであるという言い方もできます(笑)。けれど、計算でやったことじゃないですね。「自分と同じくらいガンダムが好きな人間に見られても恥ずかしくない、『なるほど、頑張ってる』と思ってもらえる商品をつくる」と思い定めて、踏ん張ったところから始まっていると思います。どこがそのこだわりかと言いますと、まずエッジの鋭さ……。

――ストップストップ（笑）。いったいどこでこういう人になったんでしょうね。

## 「一流企業の社員」だった自分を根本から変えた事件

**鳥越**　笑われても気にしない、プライドなんてどうでもいい、やりたいことをできる手段をフル活用してやるんだ、と思えるようになったのは、やはり雪印乳業の営業マンだったことがありますね。

――ほう、社内で学んだことが？

**鳥越**　それもありますが、何よりあの00年の食中毒事件[※4]です。

――ああ、そうでしたね……。

**鳥越**　あのときに、会社のイメージ、プライド、誇り、その他全部、そんなものは本当はどこにもないんだ、というのを思い知らされましたので。いくら有名企業でも、立場に溺れたらあっという間に何もなくなることを身をもって味わいました。

――とっても失礼ですけど、かくもゲリラ戦が好きな鳥越さんにも、「自分は一流企業の社員だ」というプライドがあったんですか。

**鳥越** ありました。当時、すごく自分でも驚いたんですけど、私、「エリート意識」をすごく持っていたんですね。「天下の雪印乳業だぞ、俺は」とか思いながらやってきた。全ては幻のようなものだったと気づかされて、じゃあ、会社を離れた自分は何ができるんだろうと考えると、何もできないんですよ。

事件のあとの心の切り替えというのが自分にとってはすごく大きいです。一日に何度もお客さまに土下座し、時には励まされたりしながら、「自分が偉い」という勘違いだけは絶対しないぞ、と思いました。呼ばれたらいつだって出て行くし、悪いと思ったらすぐ頭は下げる、と。威張って言うことじゃないですけれど。

## 相模屋の人事評価は公平なのか?

――そんな鳥越さんが事実上つくった現在の相模屋は、お聞きする限り、社長・部長と工場長・課長・主任・社員と階層が少なくて、前線と司令部の距離も短い。というか社長がばんばん前線に出て行くし、おそらく火消しもご自身でやっているでしょう?

**鳥越** 最近は一騎当千の人が育ってきたので減りましたけど、やりますね(笑)。

――そして課長以上の50人前後が「燃える集団」のコアになって、全体の温度を上げていく。というのはわかったんですけど、なんというのか、我ながらしつこいんですが、売り上げや利益の数値責任がないのに、統制が取れるのか、という疑問がまだくすぶっているんです。やっぱりなんらかの数値目標とか……。

**鳥越** ありませんね。どう言ったらいいのかな。誰が一番能力があって、その分苦労して、頑張っているか、というのは、みんな必死になって働いているので、すぐわかるんです。だから「一番頑張っているのは？」と聞けば、全員が同じ人間を指さすんですよ。「この人です」と。その人に一番厚く報いれば、誰からも文句は出ない。製販会議（111ページ）に出る社員については給与を私が最終的に決めていますけれど、工場は毎週回っていますので、この人はどのくらい頑張っているかというのは、しっかりわかりますよ。

――では営業はどうですか。さすがに全員がどんなふうに働いているかはわからないでしょう。結局、売り上げた数字が決め手になるんじゃないですか。

**鳥越** 営業は成果はもちろんですけれども、数字に出ないところで頑張っている、頑張ってないというのもすごくわかります。自分も含めて全員で一緒にやっていますので。

――全員で一緒、と言っても相当の人数ですよね？

**鳥越**　うちの営業の人数は18人で、そのうち12人が製販会議のメンバーです。

――え、12人？

**鳥越**　はい、そうです。ですから、ちゃんとやっている仕事はわかるし評価もできる。それくらいできなかったら社長失格ではないかと。

――12人。ラインハルト傘下の上級大将くらいの人数かな。※5 だったら確かに把握できるかもしれない。でも売り上げが400億円になろうというメーカーの営業がその人数というのは？

**鳥越**　うちは営業先をピンポイントで絞ってやっているので、これで足りるんです。相模屋はNB（ナショナルブランド）じゃないと割り切っていますので。

## うちの商品が並んでいないお店も当然あります

――いや、トップシェアなんだから立派なNBでしょう？

**鳥越**　いやいや、別にうちの商品が並んでないスーパーさんがあっても一向に構わないです。そう割り切っていると何ができるかというと、私たちの取り組みに賛同していただける、「面白いね、一緒にやろうぜ」と言っていただけるところと深いお取り引きをする、そんな営業スタイルが可能になるんですね。

――そうか。だから大手GMSチェーンでも並んでいないところがあるんだ。

**鳥越** 絞ってやっていきますと、実はそんなに営業の人数はいらないんです。足で稼ぐんだと言って件数を稼いで回る、というようなイメージかもしれませんが、そういうことはやってません。

新製品のプレゼンも……あのですね、うちのプレゼンって長いんですよ。

――でしょうね（笑）。

**鳥越** 思いを込めてやりますし、どういう商品なのかをしっかりお伝えしたいですから。でもバイヤーさんはお忙しいですから、「プレゼンなんて5分10分でも長い」と言われるんですね。だから「5分しか頂けないなら、プレゼンに行かなくていいよ」と営業には言ってます。一方で「相模屋さんが来るなら、1時間空けて待ってるよ」と言ってくださるところもある。そういうお取引先と、しっかりお付き合いをしていきたいわけです。

――な、なるほど。

**鳥越** 1カ月の売り上げが100万円のスーパーさんを、100社集めれば1億円ですよね。でも、ちゃんとお付き合いができるお店でしっかり棚づくりをしていけば、1社で1億円になります。

――人の数も少なくていいわけか。

**鳥越**　闇雲にお取引先の数を増やすよりも、おとうふの文化を守るぞと気合を入れた商品をいっぱい持って、売り場の提案をしっかりして、一緒に売り場をつくっていこうという形になるところとだけ深くお付き合いしたほうが、絶対いいんですね。

いわゆる足で稼ぐ営業マンって、それはそれで美徳でもあるとは思うんですけれども、言われたことをなんでもそのまま聞く、悪い意味での「御用聞き」になりがちなんです。頭は使わなくていいですけれど、売り上げはそれほど伸びない。

――そうなんですね。

**鳥越**　相模屋の営業が、がっつりお店と組む、というのは、「お店から何を求められているのか」を考えて、それを的確にやっていくことなので、個別具体的で頭も猛烈に使うんですけれど、それをやっていけば、それぞれのお店でしっかり売り上げを出すことができます。それだけの商品のラインアップもありますので。「相模屋は高いからいらない」とお考えでしたら、お互いの幸せのために。

――お付き合いしないほうがいいですね、と（笑）。

## 前年比を意識すると逃げられなくなる

**鳥越** はい。そしてうちはおとうふを売り上げの道具としか見ていただけないドラッグストアさんとかとは、お取引を遠慮させていただいてます。売り上げが取れるので魅力的に見えますが、ドラッグストアさんのメインは当然ドラッグで、食品は集客のためのツールです。相模屋だろうが、相撲屋だろうが、中身は関係ないんですね。

――スモウ屋、なるほど（笑）。

**鳥越** そうすると値崩れしないんですね。相模屋の商品は値崩れがしないということで、スーパーさんもさらに扱いやすくなるという。

――じゃ、ドラッグストアで扱ってもらうメリットは何でしょう。

**鳥越** 楽に売り上げの数字が立つことです。もう放っておいても売ってくれますし、どんどん出店もしていきますし。

――そうか、数はさばける。でも、メーカーさんは儲からないですよね。

**鳥越**　儲からないですね。儲からないですけど売り上げが上がって稼働率が上がればそれはそれでアリ、と思っているところがやっぱり多いんじゃないでしょうか。で、やってみて1回売り上げをつくってしまうと、もう逃げられないです。桁違いに売れる。薄い利益でも数が出れば金額も馬鹿にならない。長い目で見たらじり貧だと頭では理解していたとしても、「このウン億円の売り上げがなくなるのか」と思ったら、やめられない。

――営業の担当者が社内で、それこそ「前年比」で評価される仕組みだったら。

**鳥越**　逃げられないです、絶対（笑）。

――やっぱり数字って怖いですね。

**鳥越**　怖いですよ。ただ、だからこそ社長くらいはきちんと数字を見ていないとダメですよね。数字をわかっていながら数字を使わずコントロールするのと、本当に「数値は関係ありません」と言って全然見ないのとは違いますから。

――そりゃそうですよね。

**鳥越**　私が「数字なんかはどうでもいいんです」と言うと、「そうですか、私も見ていません」と言ってくる社長さんが意外に多いんですよ。

私は数字は緻密に見てます。でも、それに振り回されはしない。数字はどうでもいい、みんなは考えなくていいよ、そこは俺が考えるから、という話をしているんですけど、経営者の方に真顔で「数字は見ていない」と言われるとびっくりしますね。P／Lを見ていない方とか、本当にいるんですよ。

## 「ちゃんとした制度をつくれ」とずっと言われてきた

——組織管理に話を戻しちゃいますが、相模屋の組織は鳥越さんの、そしてお互いの目が十分に届く規模だとおっしゃった。それは言い方を変えれば、人事評価に明文化されたルールはない、ということになりますかね。

**鳥越**　はい、そうですね。当社にも評価シートはありますし、等級制度もあります。給与の差もそれなりにしっかり付きます。だけど、最終的には私の判断です。

だから組織の管理運営という話になると、おそらくうちは最悪の例になると思いますよ。私は「人事管理の仕組みなんかをつくってしまった瞬間に、相模屋の良さは全部消える、普通の会社になってしまう」と考えているので。

「ちゃんとしなさい」と、ずっと言われてきたんです。売上高が100億円を超えたときに「大台に乗ったんだから、そろそろ会社らしい制度をつくらないと」と。200億円、300億円のときも言われました。おそらく今年も言われるんでしょう（笑）。でもやりたくない。ギリギリまでやりたくないですね。いっそ、うまくいかなくなるまでこのままでやってみようかと思ってますね。

――数字で責任を持たせて、管理して、それで新しいこと、やりたいことがやりにくくなるなら、その制度って何のために入れるの？　という話ではありますね。

**鳥越**　「いいよ、その責任、こっちで受け持ってあげるよ」というのがうちのやり方だと。仕事そのもの以外の、くっついてくるものは全部こっちで引き受けるから、存分にやってくれ。その代わり、めちゃくちゃ暴れろよ、みたいな。

――真面目なところ、どのくらいの規模まで持つと思いますか。

**鳥越**　そうですね、それぞれが自分の中のお山の大将になろうよ、という目標があって、目標の持ち方を全体の方向性と揃えることができれば、組織がでかくなろうがいけるんじゃないでしょうか。「俺は俺で、面白いからやっているのよ」という社員たちがちゃんと育って、それがまた部下をちゃんと率いていくことで、もしかしたら規模が大きくなっても「燃える集団」のままでいることができるかもしれないよね、と思っています。

これを維持するには、燃えている人が他の人を燃やす、というところがやっぱり大きい。そして、燃えない人は、「まあ、しょうがないよね」という諦めというか、思い切りですね。

――鳥越さんから見て「ここはうちより大きいけれど、燃える集団だな」と思えるような会社ってありますか？

## 燃える会社があっという間に普通の会社になった実例

**鳥越**　あります、というか、ありました。「何でこの規模なのに、こんなに機敏なんだ」と驚いていたメーカーさんが。うちとはまったく違う業種ですが。でも、大手企業の傘下になった瞬間に、普通の会社になっちゃいました（笑）。

――ありや。

**鳥越**　そこの会社の強みは、普通、その業界の会社って100億円以下の年商のところがすごく多くて、そこにぼーんと上にいる企業だったんですけれども、大きいのに小回りがものすごく利くんですね。

――なんだか相模屋みたいですけど。

**鳥越** だから、この業界の他社さんからすれば怖くて怖くてしょうがないんです。何であんなに図体がでかいのにあんなに小回りが利くんだと。

――重モビルスーツかと。

**鳥越** そう、ドム[※6]みたいな会社だったんですけれども、それが某大企業のグループに入ってから、「ちょっと大きな普通の企業」になって、もう他社から攻められる攻められるという。

この会社さんの機敏さは詰まるところ、決めるのがすごく速いことにありました。聞いた話ですが、「ちょっとお時間を」とか「持ち帰って検討します」というのが「ない」。それが売りだったそうです。それが、決裁、決裁でちゃんと承認を得なきゃいけなくなった。

――内部統制がしっかりしたわけで。

**鳥越** だから、たぶん収益率は高くなっているんだと思います。

――なるほどね。むちゃなことをしなくなったということでしょうからね。

**鳥越** はい。その代わり成長はしないという感じ。おそらくですけれども、社員もそういう人たちが増えたんじゃないかなと。

うちもそうですが、大きくなること、成長することだけが企業の幸せじゃないですよね。安定している、という幸せもあるでしょうけれど。

――それはそうですね。

**鳥越** ですけど、私はそれだったら、やりたくないなと（笑）。

## 相模屋はいつまで相模屋らしくいられるか

――相模屋さんは大企業病にはならないですかね。

**鳥越** たぶん、私が生の情報を自分で体感できないぐらいになってくると、そういう風景になってくるんだと思います。

――働いている方々も、成長が続くといつしか気持ちが変わってきませんか。

**鳥越** それはおっしゃる通りですね。我々は中小企業、ゲリラ屋なので、持っているものが少ないんだけど、その分1個の問題に対しての深掘りの仕方が違う。「これとこれとこれしかないけどどうする？」「こういうふうに組み合わせれば全然いいじゃん」というような感じでここまできているんです。

けれども、業界トップになって、売上高がそこそこの規模に到達すると、昔だったら例えば機械一つ取ってみても、なんとか工夫して使っていたんですが、いまなら「新しいの、買いましょうか」と言える。買い替えるのはいいんですよ。でもその前にちゃんとそれが最適解か、自分で考えたのかな、という。

## 成長することで死角が増えていくジレンマ

――成長すればするほど、「アタマよりお金」で解決できる会社になっちゃうというジレンマが。

**鳥越**　そこが我々の死角というか、急所ですね。成長するほど死角が増えてしまう。「調子に乗る」のはいいけれど、現状に満足してしまうとすぐ機動力がさび付きます。ジオンも、資源確保を目的に地球降下作戦をやって、なまじうまくいったものだから、うかつにも地球に居着いてしまった。あれはいけません。ガルマ・ザビのように地球の上流階級と接して自分たちも貴族かなにかのような気分になってしまったりとか、論外です。ああなってはダメです。※7

――（始まっちゃった）

**鳥越** もともと、重力に囚われない宇宙で生きていく誇りある人々だったはずが、地球の重力に囚われた。必要な資源だけ手に入れてさっさと宇宙に戻れば、一年戦争はだいぶ違う様相になったでしょうに。

――なるほど。

**鳥越** 冷静に考えれば、リソースの少ないジオンが地球を支配するのは無理なんですよ。でも、緒戦の勝利に「我々は強い」とおごって、それがわからなくなってしまった。我々で言えば、東証プライムに上場して、「もう我々も大企業だ」なんて気分を味わって、一気にダメな会社になる、そんな感じでしょうか。

ですので、自分たちはすごくないんだ、エリートじゃないんだというのは、ずっと言ってます。俺たちが強いのは、できないやつらの集団だからでしょう。だからこそ人一倍努力するし、絶対に負けるかと思うし、できないことだってやってみせる。だからこそ、大手の企業さんが相手でも、全体的には負けても、局地的には勝てたりもするんだよね、と。

ダメになるときは、俺らはすごいんだ、強いんだって思いながらなにもしないで負けていくと思うんですね。どこでもそうだと思うんですけど。社内でそう感じたときには必ず言うようにしています。

## 「きれいなこと」を言い出すのは組織劣化のサイン

――たとえばどんなときにそう感じるんですか。

**鳥越**　製造で言うと、お客さまからのクレームへの対応で、「きれいなこと」を言うようになってきたときです。

――きれいなことってどういうことですか。

**鳥越**　クレームで「おとうふに泡が入っていました」というのがあったとします。充填豆腐に泡が入っていると、人体にはまったく影響ないんですけれども、異物に見えたりします。程度にもよりますけれども、そういう商品を出しちゃいけないと。

で、お客さまからご指摘がありました。「どういうふうに対応したの」と聞くと、「泡の原因はこうこうで、対策として検品を1人立ててきっちり見るようにしました」と。

――なるほど、対応策までちゃんと。いいじゃないですか。

**鳥越**　一見非の打ちどころがないんですね。教科書的には。なんですけど、よく考えてみると、充填豆腐って1時間当たり1万丁とかできちゃうんですよ。それならもっとクレームが出ているだろうと。そこで「これまで出ていなかったわけだよね。だったら調べるべきなのは、いままで出ていなくて何で今回出たんだということでしょう」と。

――あ。

**鳥越** 今日起こったことがどうだ、こうだじゃなくて、いままではできていたのに今日はできなかったことが問題。どうしてそこを見ないの。それをずっと積み重ねてきたから、うちはクレームなく、お客さまにもおいしいねと言って頂ける商品ができて、どんどんお客さんが増えてきたのに、そこで原因→対策と、短絡的に考えただけではダメでしょう。

――いたたまれなくなってきました。

**鳥越** これはあくまで例ですが、「きれいなこと」というのは、「あ、対策ね、俺わかっているから大丈夫。そういうときはこう言っておけばオーケー」と思っているときに出てくるんですよ。

――仕事がルーチンワーク化しているというか、頭を使わずに過去の事例を当てはめているということかな。

**鳥越** そうそう。頭にストレスがかかってないからすらすら、つるつる出てくる。最初のときって、経験がないのでなかなか答えが出てこないし、動揺を隠せないので、「えーと、あの、えーと、こういうのができちゃいまして、対策は、あの、やってみたんですけど、ちょっとこう……」という、たどたどしい感じになる。でも、そうなるのは一生懸命考えているからなので、こっちも別に何も言わないんですよ。

——じゃ、原因分析と対策が流れるように出てくるということは。

**鳥越** 「ああ、これは何も考えずにやっているな」という（笑）。

——でもそうなりますよね、人間だもの（笑）。

**鳥越** なっちゃいますので、そのときにはやっぱり原点に戻って、「じゃあ、俺らがここまで勝てていたのってなぜなの」というところに戻るようにしています。いつまでも「あんな無茶なことができていいなあ」と連邦軍、いや大企業の方に言われるような、ゲリラ屋の仕事をしていきたいですからね。

## ガンダムも、ソニーもホンダも「ゲリラ屋」だった

——でも、考えてみれば、ソニー、ホンダはもちろん、トヨタもパナソニックも創業か

らしばらくはいっぱしのゲリラ屋だったはずですよね。

**鳥越** そして私が大好きな大好きなガンダムも、最初はゲリラ戦でつくられた番組だったと思います。「しょせんは合体ロボのおもちゃのプロモーションムービー」と世の中からは見られている。だけど、うまくやれば自分たちのつくりたい、リアルな設定と人間ドラマを盛り込んだ作品がつくれるんじゃないか、と、スタッフの方たちが決心して。

――それで思い出しました。ガンダムのキャラデザイナーの安彦良和さんが、「宇宙戦艦ヤマト」にも参加していて、ガンダムの第1話をヤマトのスタッフに強引に見せた、という逸話※8がありましたよね。

**鳥越** どうだ、お前らにこれがつくれるか、と、当時天下無双していたヤマトの諸君に見せつけた。いい話でした。

――でも中高校生以上を狙ったガンダムは、従来のロボットアニメファンである低年齢層にはあまり受けなくて、初放映のときは途中で打ち切りになって。

**鳥越** スポンサーになった会社のおもちゃが子ども向けのままで、もう一つ売れなかったんでしたっけ。

――これまでなかったものを出すって、新しいお客さんを開拓するということだなと思うんですよ。ガンダムという新しいコンテンツに、子ども向けの合体ロボ玩具をくっつけたのでうまくいかなかった。けれど。

**鳥越**　そこでバンダイさんが「ガンダムのファンは中高生でしょう、だったらプラモデルでしょう」と出したガンプラが爆発的なブームになって。それが、「ガンダム」というコンテンツに新しい命を吹き込んだ。私もガンプラを買ってもらえなかった思いが高じてザクとうふをつくった、という流れなんですよね。

――中高生男子にガンプラの大流行をもたらしたガンダム、おとうふコーナーに男性客を連れてきたザクとうふ、ちょっとだけ似てますね（笑）。

**鳥越**　ありがとうございます（笑）。相模屋が生き延びることができるか、引き続き見てやってください。

[ この章のポイント ]

❶ 働く人がそれぞれの誇りを持つ
「お山の大将」になればいい。

❷ 個人の誇りにかけて、
頭を使った仕事をすることが
燃える集団の基本。

❸ 「原因と対策」がするする
出てきたら注意。
仕事がルーチン化している。

## 気になる人向け 補足説明

※1 「機動戦士ガンダム」の世界（宇宙世紀）では、月の軌道付近に7つのスペースコロニー（宇宙植民地）が存在し、「サイド1」～「サイド7」と名付けられている。宇宙世紀0058年に、地球からもっとも遠い月の裏側にある「サイド3」が「ジオン共和国」として独立を宣言。地球連邦政府は経済制裁と宇宙軍の設立で応じる。0069年、サイド3に政変が起こり、共和制からザビ家による君主制に移行、0079年、地球連邦に対し独立戦争を開始（一年戦争）。機動戦士ガンダムはこの一年戦争の終盤約3カ月を描いている。

※2 「機動戦士ガンダム0083 STARDUST MEMORY」は1991年発売のオリジナルビデオアニメ（OVA）。宇宙世紀0083、すなわち、一年戦争の終結後と、続編となる「機動戦士Zガンダム」（作品世界は0087）の間をつなぐ作品。戦争後の連邦軍上層部の腐敗、ジオン公国軍の残党の過激化を描いている。

※3 一年戦争の緒戦でジオン公国に圧勝をもたらしたモビルスーツは、その可能性を信じたザビ家の三男、ドズル・ザビによって開発が進められていたが、動力炉の小型化が難航し、兵器としては失格だとジオン公国軍の指導者である兄（ギレン・ザビ）に切り捨てられかけた。「ザクとうふ」の新奇性と重ね合わせると味わい深い。この場面は一年戦争直前を描いたアニメ「機動戦士ガンダム THE ORIGIN 前夜 赤い彗星」（2019年放映）から。

※4 2000年6月、雪印乳業大阪工場製造の低脂肪乳などによる食中毒が発生。北海道の大樹工場で原料の製造中に停電事故があり、黄色ブドウ球菌の毒素による汚染が起きていたが、そのまま製品に使用されたことが原因だった。雪印乳業は事態の把握に手間取り回収や告知が遅れ、被害者が1万人を超える規模に拡大した。02年には肉製品の製造・販売を行っていた雪印食品が補助金制度を悪用していたことが発覚。企業イメージに大ダメージを受けて同社は廃業・解散。雪印乳業グループも解体されていく。

※5 「銀河英雄伝説」で、軍事国家である銀河帝国を支えるのが上級大将クラスの軍人たち。出入りはあるが延べ15人前後と思われる。

※6 「ドム」は「機動戦士ガンダム」に登場するジオン軍のモビルスーツ。重武装、重装甲、高機動の三拍子揃った、ザクに代わる一年戦争後半のジオン軍の主力機。相模屋でも「トリプル・ドムとうふ」として2015年に戦線に投入している。

※7 一年戦争において国力に大きく劣るジオン公国は、地球連邦に対して開戦直後に圧勝し、自国に有利な講和をのませる短期決戦を意図していたが、これに失敗。戦争の長期化による資源不足の対策として、地球降下作戦を実行し資源地帯を武力で押さえる戦略に移行した。作戦自体は成功したが、占領地帯が広範囲に及び、その持久にかえって国力をすり減らす結果になったのでは、と鳥越社長は論じている。

※8 NHK「ガンダム誕生秘話」（19年放映）より。

第9章

# 「相模屋食料の製販会議へようこそ」

## 社内資料を独占公開
## 近未来の戦略をまるごと明かす

読者の皆様を、相模屋の製販会議の傍聴席へお連れしたいと思う。

会議は土曜日の朝8時から始まり、グループ会社の現状報告の後、鳥越社長による相模屋の戦略についてのプレゼンテーションが行われた。プレゼンシートの公開の許可を得て、主要部分を抜粋（62枚中24枚）してご紹介する。「社内向けのプレゼンなので、強い言葉が交じるところは割り引いて頂ければ」（鳥越社長）とのことだ。

プレゼンは「いまうちの会社が何をやっているのか」から始まり、業界を取り巻く状況説明とそこに至った経緯、その中で相模屋がやってきたことを丁寧に説明、その上で「これからどこに行くのか」を、聞いていて「そこまでやるか」と、ちょっとぎょっとしたくらい大胆に示している。本書でここまでお読み頂いた方なら、「大胆だけど、もしかしたらあり得る」と思われるかもしれない。

右開きの本に横書きなので若干読みにくいかもしれないが、そこは何卒ご容赦を。

## ●テーマは毎月変わる。今回は戦略

**今月のテーマ**

**かなり難しい
戦略の話。**

鳥越社長の「何度も聞いていますが、オリンピックで勝つためには？」という問いに「自分に都合のいいルールを決めることです」と社員のWさんがすらっと答えて、プレゼンが始まった。本当に繰り返し聞かれてきたんだろうな、と思わせるやりとりだった。

**今 相模屋のやっていること**

**豆腐業界の常識を変え
“プラットフォーム”を
つくりつつある。**

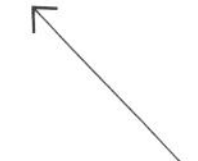

「勝つのはルールをつくる側。我々も業界の常識を変え、プラットフォームをつくりルールを変えようとしています。具体的な話ではないので普段は関心を持ちにくいし、難しめの話だと思いますけれど、何をやろうとしているのかを実感してほしいなと」

## ●「いまやっていること」と「目的」を示す

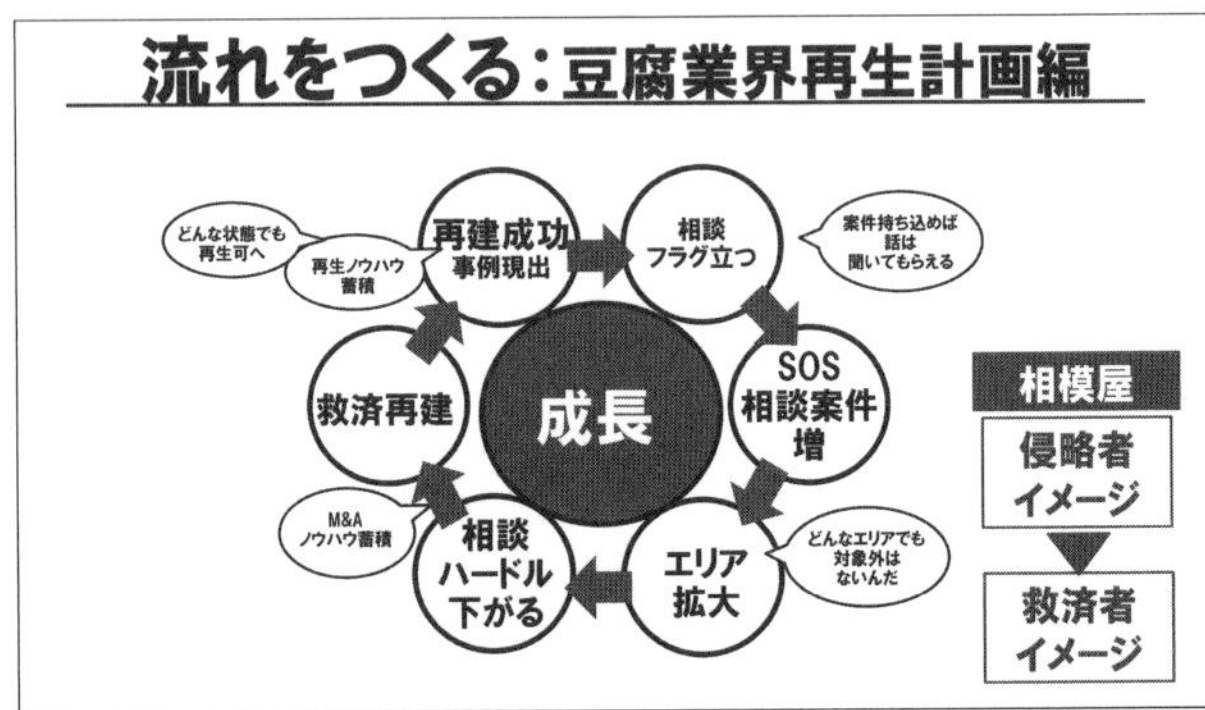


「ルールをつくることは、流れをつくることです。これは3回前の製販会議のおさらいです。再建の成功事例が増えることで、エリアが拡大し『全国どこでもいいんだ』とさらに相談が増える。再建件数が増えることでノウハウも蓄積し、成功率も上がる」

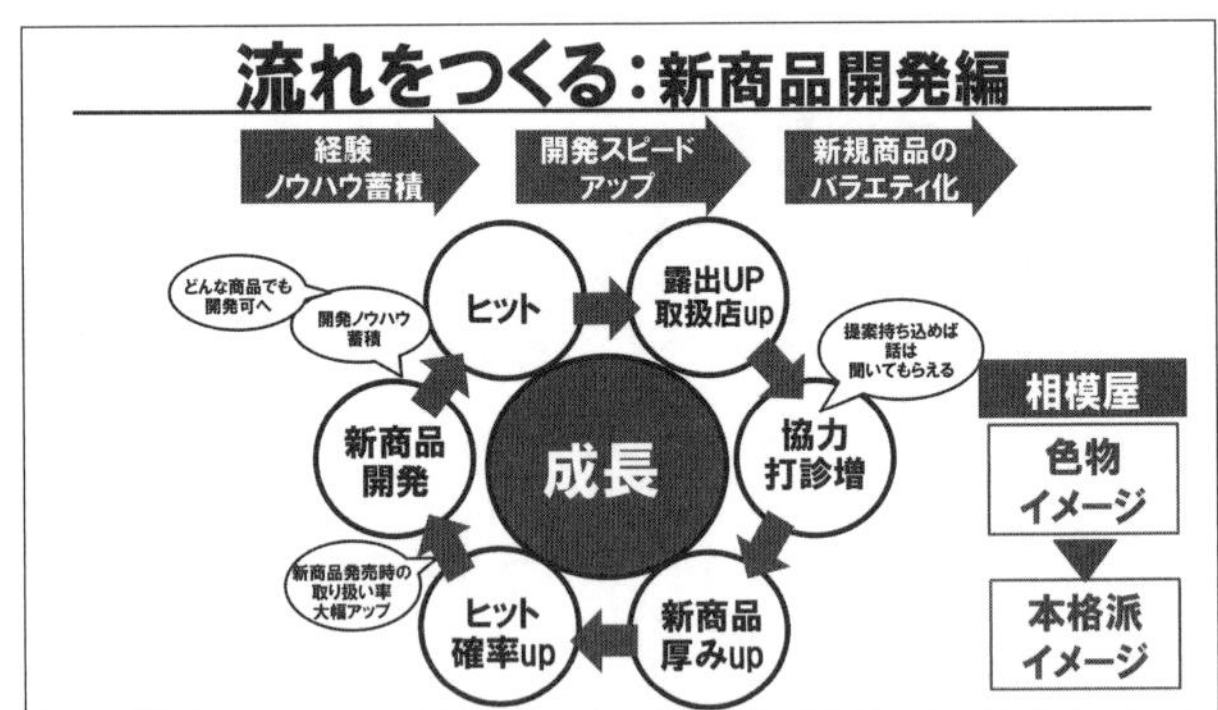


「同様に新製品も、ヒット商品が出れば店頭での露出や、取り扱ってくれるお店が増え、さらにありがたいのは協力を申し出てくれるメーカー、小売りさんが増える。これがシナジーになって、さらに強力な新製品を出すことができ、流れが加速していく」

**相模屋の使命**

**おいしいおとうふで**
**日本の伝統の**
**豆腐文化を守り抜き**
**そして その未来をつくる。**

「そういう流れを日々回している目的は何か。我々の使命は、おいしいおとうふで日本の伝統の豆腐文化を守り抜き、そしてその未来をつくっていく。これのために、すべてがつながっている。戦略の話に入る前に、これを再度認識してください」

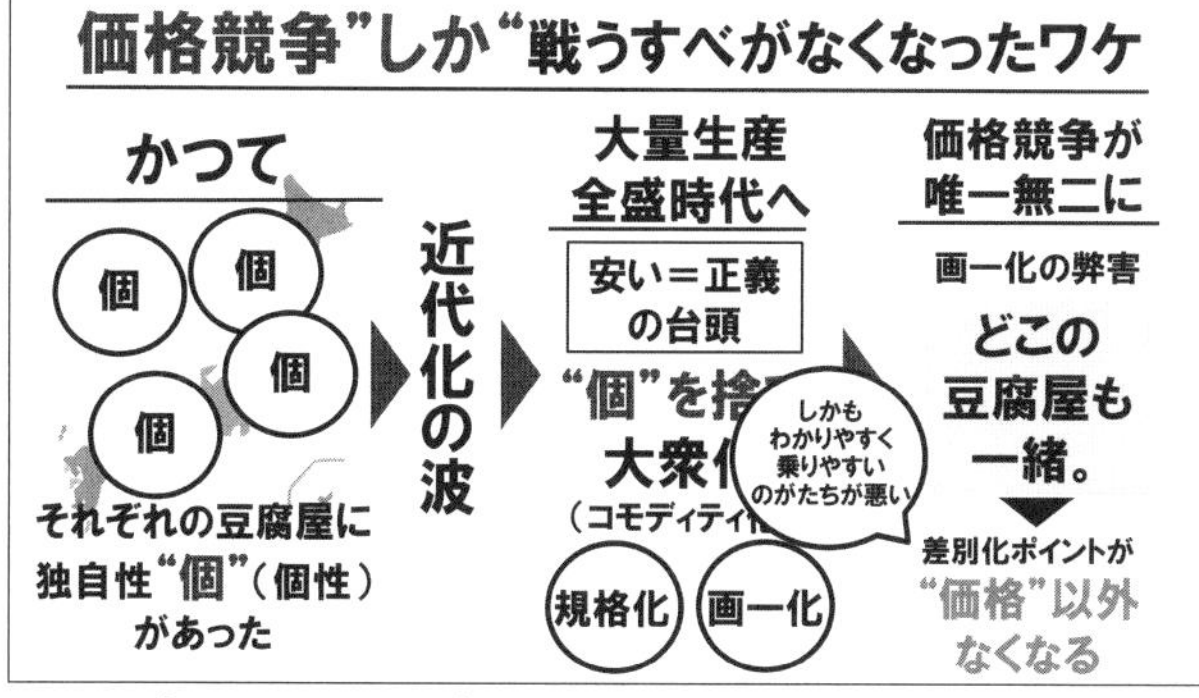


「じゃあ、我々がプラットフォームをつくって豆腐文化を守る、と決意するほどに、豆腐業界は破綻の道をたどってしまったのはなぜか。どこの豆腐屋も一緒という大量生産前提の常識が染みついて、終わりのない消耗戦、価格競争から脱却できないからです」

## ●業界を「個」にシフトさせる4段階

**“個”を取り戻す**

勝敗ポイントを

個 へ変える

「価格競争に特化すれば破滅しかない。だから私たちは『豆腐文化を守り抜き、そしてその未来をつくるため』に、個を取り戻す行動を取っているわけです。価格から個へ。日の出もこれで黒字になりました。再建の会社さんで赤字なのはもう2社だけです」

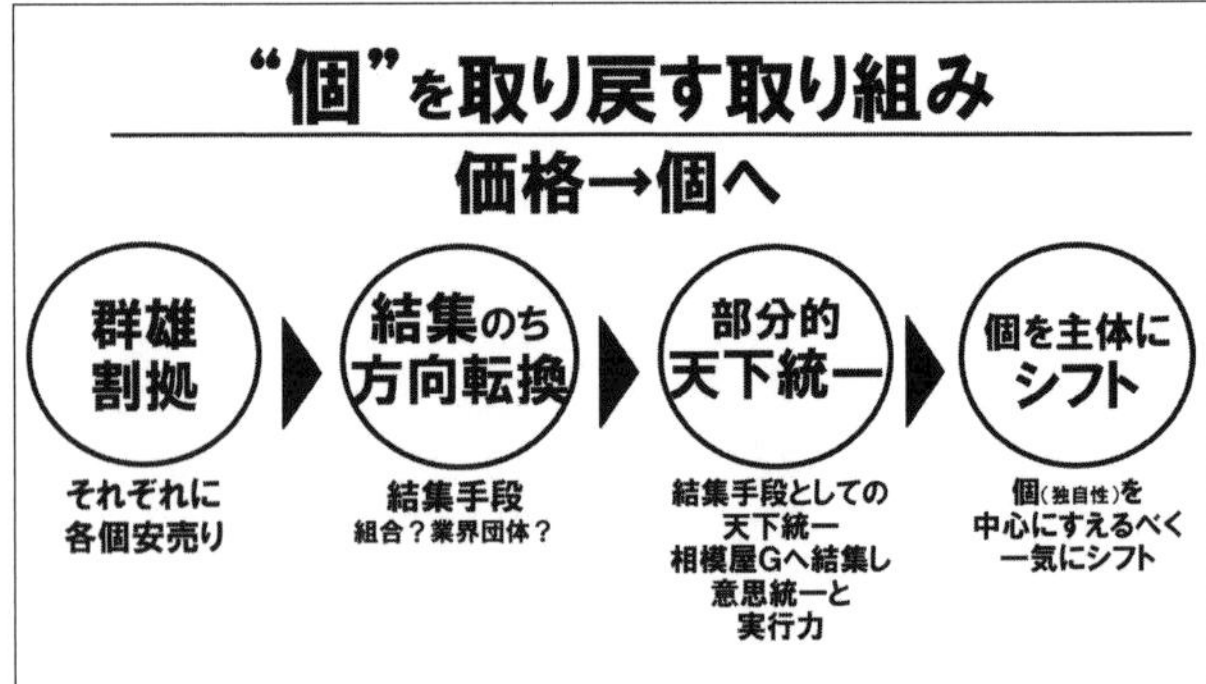


「まず業界構造の話を。今日は結構難しいから、わからない人はわかるところだけぱーっと見ておいてください。安売りの横行を止めようという動きはありましたが、一斉に方向転換するのは無理です。そこで相模屋が中心となり、部分的に天下統一をします」

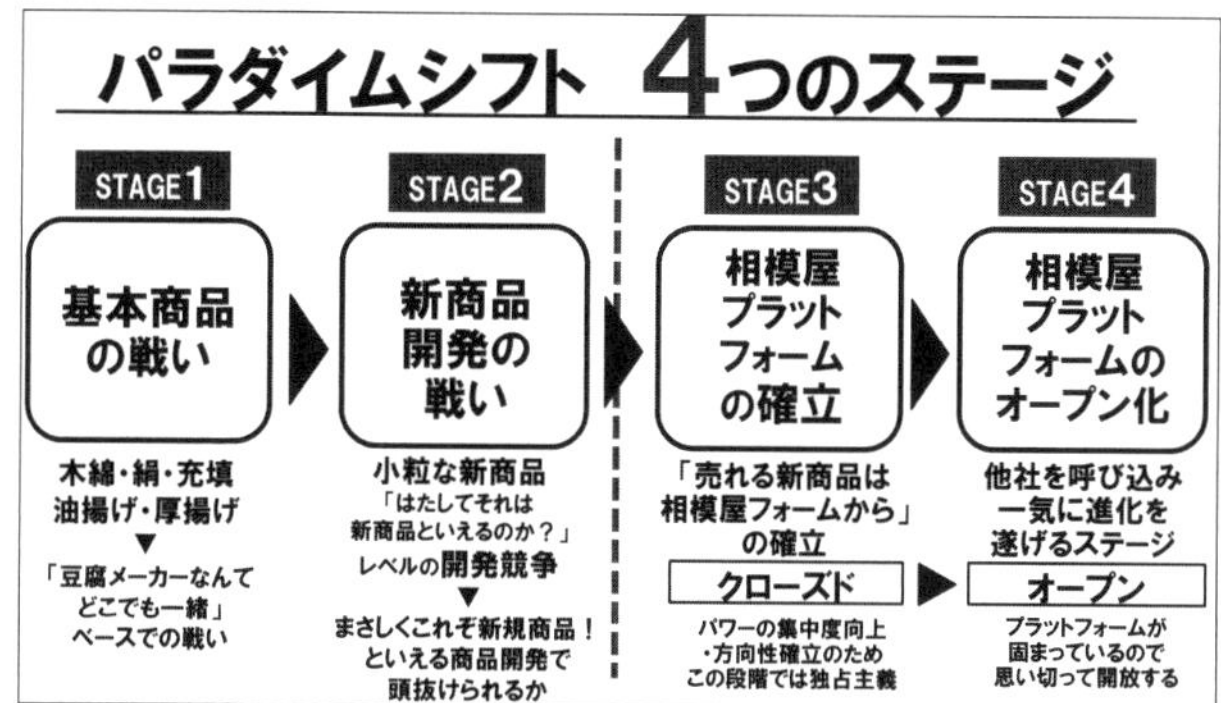


「相模屋は『部分的天下統一』の実力をてこに、業界全体で『価格』から『個』へのパラダイムシフトを起こそうとしています。それには4つの段階があります。ステージ1と2はたぶんみんなわかりますが、3と4は、普段あまり意識していないと思います」

STAGE1 ベーシック商品の戦い
（木綿・絹・充填・油揚げ・厚揚げ）

価格競争　供給力競争

「豆腐屋なんてどこでも一緒」
安いか供給力があればどこでもよかった時代

おいしいとうふづくり当時は誰も見向きもしてくれなかった

なので当時「無名の相模屋」でも
のちに大きな力に
安くはないが供給力はあったので
のし上がれた

「ステージ1は、何回も話しているベーシック商品での戦い。木綿だとか絹だとかですね。これでやっている間は『豆腐メーカーなんて、どこでも一緒』という常識ベースで戦わなきゃいけない。言い換えると、安いか供給力があれば成長できた時代です」

## ●供給力・味・新製品で競争から抜け出す

STAGE1 **ベーシック商品の戦い**
（木綿・絹・充填・油揚げ・厚揚げ）

価格競争　供給力競争

▼

**勝敗のポイント：ハード**

いかに大きな工場をつくり、大型ラインを入れ
画一化させたおとうふを大量に生産できるか

▼

**稼働率をあげ損益分岐点をこえたものが勝ち**

「我々は当時まったく無名な会社でした。だけど2005年に当時業界最高の製造効率を持った第三工場を稼働させて、供給力があったので、ベーシック商品でのし上がるきっかけをつかむことができたわけです」

STAGE1 **ベーシック商品の戦い**
（木綿・絹・充填・油揚げ・厚揚げ）

**相模屋が勝ちぬけたワケ**

**他社にない価値ポイントがあった**

▼

当時誰も見向きもしなかった
**“おいしさ”という価値** ＋ **魅せる工場**

「供給力だけでなく、当時は誰も評価していなかった、おとうふの『味』でも差別化しようと考えていたことで、競争が激しくなってきたときに安売りに走らずに済みました。ロボットを導入した第三工場の斬新さも、バイヤーさんに評価されたと思います」

STAGE2 新商品開発の戦い

小粒な新商品
「はたしてそれは新商品といえるのか？」
レベルの下等競争

大豆 サイズ 個数

▼

誰にでもできること

「豆腐屋なんてどこでも一緒」

「ステージの2つ目は、新商品開発の戦いです。皆さんの多くが入社した10年前の新商品は、大豆が違います、濃度が違います、サイズが違います、2個が3個になりました、と、もう形と大豆の差ぐらいです。……ここまで、だいたいわかりますか？」

STAGE2 新商品開発の戦い

相模屋が頭ひとつ抜ける

▼

「相模屋だけは違う。」を作り出す

はじまりは少しの視点違い ▶マネできる。完成度の違いはあれど

焼いておいしい絹厚揚げ 木綿3P

前代未聞の新商品 ▶マネのしようがない。想像つかない

ザクとうふ ひとり鍋 BEYOND TOFU おだしきざみ

「それでは新商品を出す意味がない。『相模屋の商品は他社と違う』と、お客さまやバイヤーさんに思ってもらうには、誰でもつくれるものではダメです。そこで、視点を少し変えるところから始めて、前代未聞の新製品を出せるようになってきました」

## ●ルールを変えるための布石を打つ

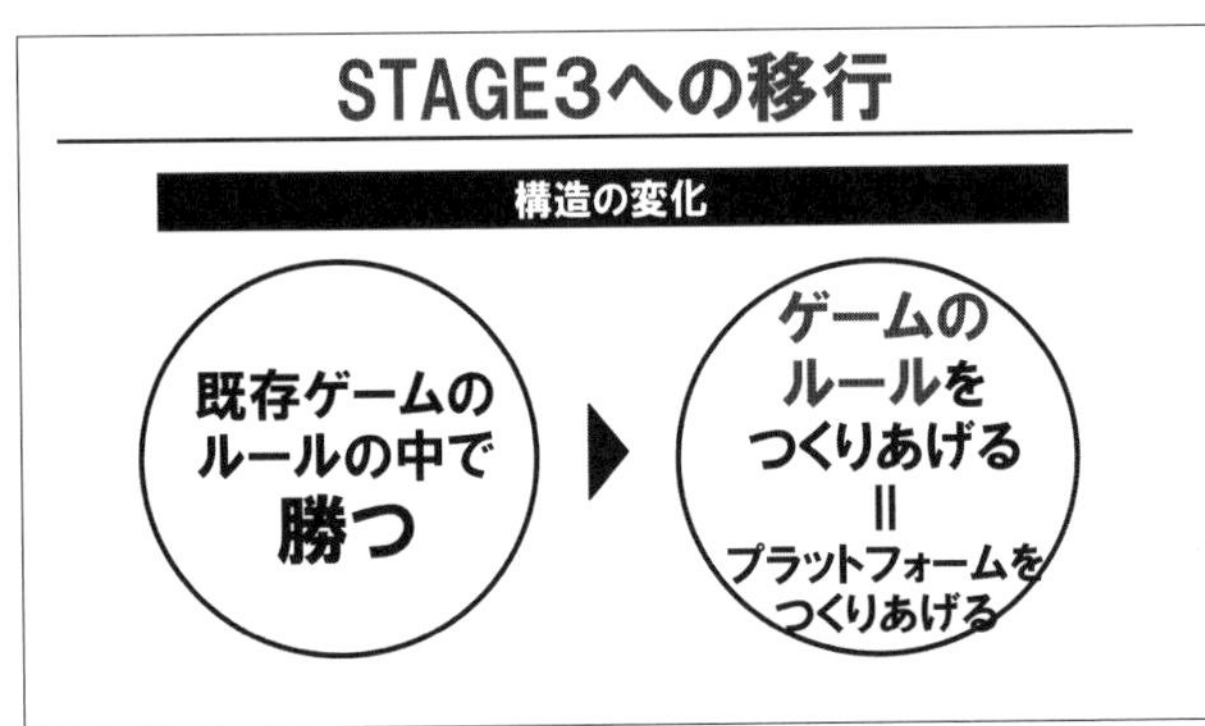


「そしてステージ3、これがいまやっていることです。ステージ1と2は『業界のルールの中で勝ち残る』ための行動で、3は、最初に言った『ルールを自分でつくる』ことへの挑戦です。最初から狙っていたわけじゃないんだけれども、結果的にこうなりました」

STAGE3 「新しいカテゴリー商品は相模屋から」の確立

相模屋のプラットフォームでなら売れる新商品がでてくる。

相模屋プラットフォームの信頼性確立

【TOFUベース】

「ステージ3の目的は『売れ筋は相模屋のプラットフォームから出てくる』という常識を確立することです。相模屋のプレゼンを聞いていれば売れ筋は押さえられる、○○社が相模屋グループに入った、じゃ面白い新商品が出てくるぞと期待をしてもらえるような」

STAGE3 「新しいカテゴリー商品は相模屋から」の確立

**大胆な新商品開発・提案が可能に**

**導入されること前提の強み**

ex.ハリウッド映画のスケール

開発力 実現力 × 営業力 提案力

「そうすると、さらに大胆な新商品開発提案ができるようになっていきます。売ってもらえることを前提に商品開発ができるから。ハリウッド映画がスケールがでかいのは全世界で興行収入が確保できるとわかっているから予算をかけられる。それと同じです」

STAGE3 「新しいカテゴリー商品は相模屋から」の確立

**2方向から深耕**

| 伝統的なおとうふを極める | おとうふを進化させる |
|---|---|
| 伝統 | 革新 |
| 地方に眠る独特のおとうふ リバイバル | 全く未知の新規カテゴリー 進化系豆腐 |

「しかも、我々は新しいカテゴリーの商品を2方向から深耕していく。地方に眠る独特のおとうふの再生と、蓄積してきた技術に大手食品メーカーとのコラボを加えた、未知のカテゴリーの進化形のおとうふ。伝統と革新の両方向から新製品をどんどん出す」

## ●他社との競争から協調へ移行

STAGE3 「新しいカテゴリー商品は相模屋から」の確立

ふと競合他社が気づく。

もしかしたら
自社で新商品開発を進めるより
いっそ相模屋に委ねた方が効果的!?

相模屋との競争に勝つこと

相模屋との協調関係を築くこと

「こんなことができる会社はほかにありません。競合他社はまったく太刀打ちができない。頑張っているところも、うちと対抗しようというよりは、うちがやらないものをやろうとしています。相模屋との競争に勝つことを目指すんじゃなくて、協調しようと」

競争しない
競争戦略

勝利条件を変える

競争
競争に勝つこと

協調
協調の輪に入ること

「売り場からの信頼と、伝統と革新の両面の技術が支える圧倒的な新製品の開発力、販売実績で、他社さんに『相模屋との競争に勝つのではなく、協調関係を築くことが勝利条件だ』と考えてもらえるような状況に持っていく、これがステージ3の目的です」

STAGE3 「新しいカテゴリー商品は相模屋から」の確立

相模屋プラットフォームの信頼性
不動のものに

新 新 新
相模屋フォーム

満を持して
他社を呼び込む戦略に転換

「何でこんな面倒くさいことをやるかというと、次のステージ4につながるからです。相模屋の新商品がヒットしていき、信頼が高まる一方で、『ここと張り合っても仕方ない』という空気が業界に生まれる。そこで満を持して他社を呼び込む戦略に転換します」

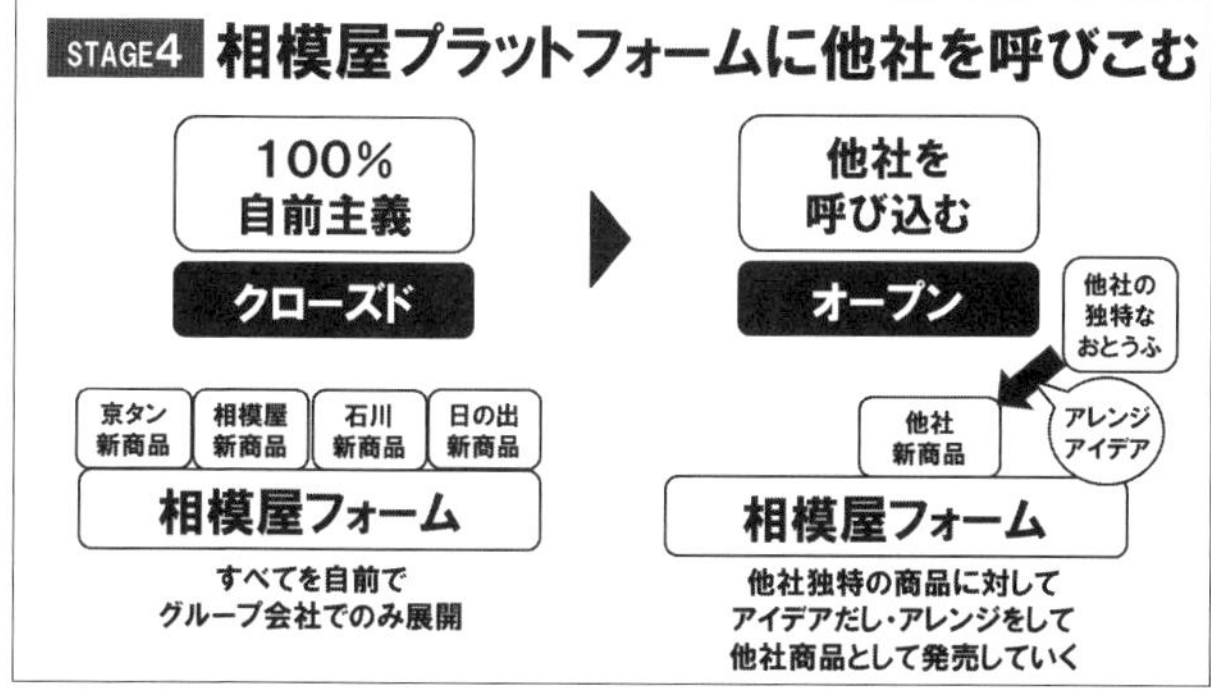


「それがステージ4です。現在は100%自前で、プラットフォームにグループ会社だけを載せてやっているけれど、オープン化しようと。他社の独自性の高い商品を相模屋がアレンジして販売したりして、お互いにステップアップできればと考えています」

## ●進歩し続けることで常識を変える

**業界構造が**
**一気に変わる**

「企業再建を担当した人はわかると思うんだけれど、我々だけで業界改革をやるのはそろそろ限界だなとも思っています。他社を呼び込み、ノウハウ、製品開発協力、販売網提供と段階を付けて緩やかなグループ化をすることで、業界構造を一気に変えようと」

↓

**相模屋の使命**

**おいしいおとうふで**
**日本の伝統の**
**豆腐文化を守り抜き**
**そして その未来をつくる。**

「話は最初の我々の目的に戻ります。アイデアを盗まれるかもしれませんが、どんどんバージョンアップしますので、進歩しない相手は恐れる必要はありません。逆に我々は進歩、進化し続けねばなりません。そして豆腐文化を守って未来をつくるんです」

## 鳥越社長のメソッドを〝普通の会社〟に取り込むには？

鳥越社長と長い会話を重ねてきた自分の脳内に、妄想が駆け巡った。日本の会社員が過剰な目標管理・説明責任から解放されて、「白い塊」をつくらなくてもよくなれば、いまよりずっと元気になり、ひいては企業も、社会も、元気を取り戻していくのではないか？なぜ我々はやりたいことより数字に縛られる組織をつくって、自らそれに甘んじているのだろう……。

**「凡人の会社には数値目標が必須なんです」**

「あーYさんそれはね、普通の人、まあ凡人やね、凡人が組織をマネジメントするいうことを前提にするとね、文字や数字で管理する仕組みにせなならんのですわ。凡人は全体を見られへんでしょ？　細部の知識も足りんし、せやかて勉強もしたがらんでしょ？

ね？　せやから、自分がわかるように全部数字にせえ、文字にせえ、となるんです」

私の妄想をバッサリ切ってくれたのは、関西出身のA氏。リスクマネジメントのコンサルティングを本業としていて、「なんか、ガンダム？ の豆腐をつくりたい言うてる社長さんがいるんですけど、会います？」と、鳥越社長を私に紹介してくれた人でもある（氏がいなければこの本はあり得なかったのでぜひ肩書と実名を出したかったが、断固拒否されたので匿名にさせて頂く）。

普通の人が経営する、普通の人が集まった組織は、「わからないこと、突っ込みどころがあってはならない」という気持ちから、なんでも数字で、理屈で、管理しようとする。

これは立派なことではあるが、仕事の進め方から社内の階層や権限、人事まで、仕組みが複雑になりがちで、誰からも突っ込まれないように仕事をするだけでクタクタになってしまう。そうなれば、「これがやりたい」なんて前向きな気持ちはどこかにすっ飛んで、みんなでせっせと「白い塊」をつくるようになる。「自分のやりたいことはさておき、会社が求めることに応じよう」とする、真面目な社員ほどそうなるだろう。「まあ会社員の生き方としては、白い塊をうまいことつくって評価を上げて、出世するのも全然ありや！と思いますけど」（A氏）

数字という客観評価は興味・関心が低い人にも伝わりやすい（なので本書も「400億円企業」と数字がタイトルに入っている）が、内部でのコミュニケーションや評価には、もっと主観的な軸があってもいいのではなかろうか。実は鳥越社長に「数値目標をなくせば会社は元気になりますかね？」と、直球で聞いてみたことがある。

## 「どうしてもやりたいこと」と「パーパス」は重なるか

「うーん、自分は経営者ですが、おとうふの文化を守りたいという『どうしてもやりたいこと』があるから、売り上げや利益率といった数字を最優先にはしないわけです。だけど、上場したい、シェアが欲しい、会社員だったら出世したい、給料を上げたい、ということが目的の方には、数値目標を極度になくしてしまうと、たぶんどこを向いていいのかわからなくなるでしょうね」

なるほど。数字だけでは全体最適を意識した〝燃える集団〟はつくれない。評価から数字を外したとしても、「このためにやっている」という意識がなければモチベーションは生まれない。そこで「この会社で仕事をする目的、意味」として持ち出されているのが最近流行の「パーパス（存在意義）」なのかもしれない。

ただ、個人的にはパーパスのあまりのまっとうさにちょっと鼻白むこともある。社員や関係者全員、さらには顧客、社会が納得できるものであろうとするとやむを得ない、とは思うのだが、普遍性があり過ぎて「面白そうだ、いっちょやってやろう」という気持ちになるのが難しい（パーパスをつくるのは大変な作業だと思いますし、それを素直に自分ごととして受け入れられるなら、そうすべきとは思います）。

相模屋は、パーパスの全員共有はあえて目指さない（135ページ）ことを基本姿勢にした上で、製販会議の場で何度も何度も「面白そう」な語り口で自社の存在意義を主要メンバーに伝え、その熱が仕事を通して周囲に伝播することで、全体への浸透を図っている、ということなのだろう。

## 普通の会社の仕事で「白い塊」をつくりたくない人は

鳥越社長には「うちのやり方はオーナー会社だからできるんです」と言われた（72ページ）が、普通の会社の、普通のマネジメントに、部分的にでも応用できるところはないだろうか。A氏には「凡人が組織を動かすと、必然的に白い塊をつくることになる」と言われてしまったが……。

「いやYさん、それはちょいと違います。数字を使った目標管理や人事評価、まあ『ルール』としましょうか、ルールは白い塊をつくる原因になりますけど、普通の会社にはどうしても必要です。そしてそれでも、社員が機嫌よく働いている企業もあるんです」と、A氏。

「社員に白い塊ばっかりつくらせているのは、凡人がやってる、社員の扱いがヘボな会社、ってことやね」

ルールを必要悪と考えて、社員の〝気持ち〟を意識した運用ができる企業もある、というわけだ。鳥越社長が相模屋で目指しているのは、「白い塊をまったくつくらない会社」として生き残り、成長するということだろう。でも、普通の会社にそれを目指せって言っても。

「無理です、はい。それこそ鳥越さんがいるからできることで」

やっぱりあの人は普通じゃないんですかね。

「いや、ご本人も言うていましたけど、『ザクとうふ』でYさんにご紹介した当時はそこまでじゃなかったと思います。チャレンジ精神と、学習能力がすごい人だったところに、運と出会いと状況が肩組んでやってきて、経営者としてどんどん開花させたんやろね。救済型のM&Aをやろうと思っていたわけでもないのに、その経験を通して相模屋の勝ち筋を見いだし、やり方も覚えた。それをどんどん応用してるということやろうと」

## できることから始めよう

A氏の言葉から閃いた。やはり、本人に能力があったとしても状況の制約は大きい。ならばその制約下で「できないことを悲しまず、できることをやる」から始めるべきだろう。あなたが会社員だとしたら、自分のいる部署、自分が関わるプロジェクトの中から、状況が許す範囲で「白い塊」をつくるのをやめて、「おいしいおとうふ」をつくる方向に動くのだ。

鳥越社長の話にもあったように、規模が小さくて手段が選べないほうが、シンプルに考えられてむしろ楽だ。そしてそこで「自分がやりたいこと」と「お客さんが喜ぶこと」の絡ませ方を見つけられたら、しめたものである。

コツがあるとしたら「自分が面白いと思うこと」をそのまま出すのではなく、「誰かのためになる」という視点から組み立て直して話すこと、だろうか。

そこは「ザクとうふは男性の目的買いを誘発するので、普段は来ないスーパーのデイリー売り場に誘引できる」という鳥越社長のセールストークに学ぼう。もちろん、あなたにとっての「ザクとうふ」は、同好の士を唸らせる完成度で世に出さねばならない。いや、出さねばあなたの気持ちが収まらないはず。自分の乏しい経験を重ねると、最初のうちは話が大きくなるほど自分のやりたいことが薄くなる。まずはリスクも規模もできるだけ小さくしておくのがお勧めだ。

「やりたいからやる、自分が面白いと思うこと」は、そこに顧客がいれば価格以外の価値につなげやすく、マネする合理的な理由がないため競合品も出にくい。うまく誰かに刺されば自分で「成功」と位置付けて、ダメそうならさっと撤退しよう。手持ちのリソースを工夫して小さく小さく成功を重ねて、じわじわ評価が高まってくれば、次はもうすこし大きい舞台へ。「面白い」と思った社外の人が手を差し伸べてくることもありそうだ。そのうち会社の偉い人が「こういうやり方もアリだな」と考え出すかもしれない。こうしてあなたはあなたの組織のランバ・ラルになっていくのだ――。

## やりたいことがない人は、ノッている人についていけ！

「まあ、そんなにうまいことといったらええですけど、成功する確率って決して高くはないですからね」

さっそくA氏がツッコミを入れてきた。

「ガンダムよう知りませんけど、普通の人が自らラルさん？みたいな人になるいうのは、なかなかしんどいのと違いますか。だったら、まずはその一味になる手もあります。白い塊製造システムのような会社でも、結構、それっぽいことをやってる人もいてはると思うんです。自分には、これといってやりたいことはない、という方は、手を挙げてその人のチームに入れてもろたらどうでしょ」

なるほど、無責任に煽ってしまうのもたいへんよろしくないので、このあたりが現実的でリーズナブルな回答なのかもしれない。

ただ、ここまで読んで頂いてとっくにおわかりの通り、自分個人としては、ラルさんになりたくてたまらないし、取材先もそういう人が好みだし、好きな仕事で燃えに燃える人が、社員でも経営者でも、どんどん増えたらいいなあ、と、心の底から思ってしまう。その気持ちは「大人たちが好き放題制作した、いままで見たことがないめちゃくちゃ面白いアニメ」に衝撃を受けた、高校生の日に根ざしているのかもしれない。「やりたいことは特にない」って、頭のいい人がよく言ってる気がするけど、それ、本当ですか……？

鳥越社長に2012年3月にお会いしてから11年半、この度ようやく1冊にまとめることができた。今日は京都、明日からカナダ、と、工場や原料生産地まで最前線を飛び歩く日々に何度も割り込んでは、長時間のインタビューにお付き合いいただき、ありがとうございました。取材で大変お世話になった相模屋食料広報部の片岡玲子さんにも、厚くお礼を申し上げます。

編集Y（山中 浩之）

**鳥越 淳司** とりごえ・じゅんじ

相模屋食料社長
1973年京都府生まれ。早稲田大学商学部卒業。96年雪印乳業に就職。その後、51年創業の群馬の豆腐メーカー、相模屋食料株式会社の2代目社長の三女と結婚。2002年に同社に入社し、07年に33歳で代表取締役に就任。「ザクとうふ」で世間の注目を集め、地方の豆腐メーカーを次々と救済M&Aでグループ化、業界トップに成長する。「ひとり鍋」シリーズ、「うにのようなビヨンドとうふ」などのヒット商品を自ら手がけている。現在の目標は「おいしいおとうふで日本の伝統の豆腐文化を守り抜き、その未来をつくる」こと。趣味は「機動戦士ガンダム」。

**山中 浩之** やまなか・ひろゆき

1964年生まれ。学習院大学文学部哲学科(美術史)卒業。87年日経BP入社。経済誌「日経ビジネス」、日本経済新聞証券部、パソコン誌「日経クリック」などを経て、現在日経ビジネス編集部で主に「日経ビジネス電子版」と書籍の編集に携わる。著書に『マツダ　心を燃やす逆転の経営』、『新型コロナとワクチン　わたしたちは正しかったのか』(峰宗太郎先生と共著)、『ハコヅメ仕事論』(泰三子先生と共著)、『親不孝介護　距離を取るからうまくいく』(川内潤氏と共著)、『ソニー　デジカメ戦記』など。

---

# 妻の実家のとうふ店を<br>400億円企業にした元営業マンの話

2023年10月23日　第1版第1刷発行
2024年 2月 7日　第1版第3刷発行

| | |
|---|---|
| 著　者 | 山中 浩之 |
| 発行者 | 北方 雅人 |
| 発　行 | 株式会社日経BP |
| 発　売 | 株式会社日経BPマーケティング |
| | 〒105-8308　東京都港区虎ノ門4-3-12 |
| 帯写真 | 大槻 純一 |
| 装幀・本文デザイン・DTP | 中川 英祐(トリプルライン) |
| 校　正 | 株式会社聚珍社 |
| 印刷・製本 | 図書印刷株式会社 |
| 編　集 | 山中 浩之 |

---


本書籍に関するお問い合わせ、ご連絡は下記にて承ります。
https://nkbp.jp/booksQA

ISBN 978-4-296-20326-0 Printed in Japan